Für Startups, Unternehmer, KMUs & Selbstständige

Thomas Klußmann

# Das Online Marketing Praxishandbuch

## 32 Strategien für Gründer, Unternehmer, KMUs und Selbstständige

**Gründer**.de
Für Startups, Unternehmer, KMUs & Selbstständige

*kostenloses 30 Minuten Strategiegespräch*
*www.gruender.de/bewerbung*

# Inhaltsverzeichnis

# Vorwort

### von Dirk Kreuter

Du sitzt in der Bahn und blickst in die Runde. Wie viele gesenkte Köpfe siehst du, die auf ein Smartphone blicken? Viele, nicht wahr? Oder weißt du es vielleicht nicht, weil du selbst dazu gehörst?

Klamotten online bestellen anstatt durch die Stadt zu irren, Nachrichten kompakt über die Handy-App oder den Laptop verfolgen anstatt mit dem Großformat der lokalen Tageszeitung zu kämpfen, mal eben schnell „googlen" anstatt den Duden aufzuschlagen… - das Internet ist zu einem festen Bestandteil unseres Alltags geworden. Die Häufigkeit und Art und Weise seiner Nutzung mögen variieren, fest steht jedoch, dass sich der Trend zur Digitalisierung durchgesetzt hat und das Internet einen hohen Stellenwert in unserer heutigen Gesellschaft einnimmt.

So steigt für Unternehmen die Notwendigkeit sich online zu positionieren. Doch wie und wo sollst du dich im Online-Dschungel bewegen? Brauchst du unbedingt einen Social-Media-Account? Wie muss deine Website konzipiert sein, um bei Google auf der ersten Seite zu landen? Wie erreichst du bei all dem Überangebot die Aufmerksamkeit und das Interesse deiner potenziellen Kunden?

Du willst eine Antwort auf all diese Fragen? Dann ist dieses Buch von Thomas Klußmann genau das Richtige für dich! Thomas beschäftigt sich seit über einem Jahrzehnt mit dieser Thematik. Er hatte tausende Kunden in seinen Coachings. Seit 2015 bin ich Teil seiner „OneIdea Mastermind" (einem Netzwerk aus hochkarätigen Internet-Unternehmern) und Referent auf seiner Contra-Konferenz. Aus erster Hand kann ich dir versichern: Wenn es um Online-Marketing geht, dann ist Thomas Klußmann der perfekte Ansprechpartner.

Viel Spaß mit diesem Buch und fette Beute

Dein Dirk Kreuter

# Einleitung

Liebe Leserin, lieber Leser,

Statistiken zu der Entwicklung des Umsatzes im Online-Handel zeigen, dass der Umsatz alleine in Deutschland innerhalb von 20 Jahren um das vierzigfache gestiegen ist. Und doch stelle ich immer wieder fest, dass Online Marketing von vielen nach wie vor lieber aus der Distanz beobachtet wird.

Dabei birgt das Internet ein enormes Potenzial und wir haben dieses längst noch nicht ausgeschöpft. Wir stehen immer noch am Anfang von etwas ganz Großem!

Deshalb habe ich es mir zur Aufgabe gemacht, dich so unkompliziert und konkret wie möglich an das Online Marketing heranzuführen. Dieses Buch wird dir dabei helfen, von diesem wachsenden Zukunftsmarkt zu profitieren.

In 6 Kapiteln gebe ich dir das nötige Handwerkszeug mit, das dich in den Bereichen Content Marketing, Suchmaschinenoptimierung, Pay-Per-Click Marketing, Affiliate Marketing, Social Media Marketing und E-Mail Marketing dazu befähigt, an den Stellschrauben zu drehen, die für den unternehmerischen Erfolg im Internet von Bedeutung sind.

Ich habe mich bemüht, dieses Buch in einer einfachen und verständlichen Sprache zu verfassen, sodass selbst eine fachfremde

Gynäkologin in der Lage ist, alles zu verstehen. Viel Spaß beim Lesen und vor allem viel Erfolg bei der Umsetzung der praxisorientierten, erfolgserprobten Tipps!

Mit herzlichen Grüßen aus Köln

Dein Thomas Klußmann

P.S.: Du möchtest lieber von mir persönlich gecoacht werden? Dann ruf uns gerne unter +49 (0) 221 643047-99 an – oder schreib mir eine Mail an team@gruender.de. Seit Jahren führen wir erfolgreich Kleingruppen-Coachings durch.

# 01

# Content Marketing

Content ist in aller Munde, denn kaum ein anderer Faktor nimmt einen so wichtigen Status wie die Content-Erstellung bei der Webseiten-Ausrichtung ein.

## So nutzt du Content Marketing effektiv für dein Projekt

**Warum heißt Content Marketing eigentlich Content Marketing?**

Es gibt sehr viele Synonyme, die den Inhalt beschreiben. Beispiele sind unter anderem „Brand Storytelling", „Customer Publishing" oder aber auch „Corporate Journalism". Wirklich etablieren konnte sich aber nur der Begriff „Content Marketing". Nur dieser Begriff definiert die Thematik richtig und gibt den Inhalt eins zu eins wieder.

Professionelle Suchmaschinenoptimierer und Online-Marketing-Experten haben sich mit dem Begriff und den dazugehörigen Ideen und Maßnahmen beschäftigt und dies auch bestätigt. Im Content Marketing wird eigentlich genau das Gleiche betrieben wie im Marketing generell: Content-Formate werden genutzt, um so mit der eigenen Zielgruppe zu kommunizieren. Hierbei handelt es sich um einen multidirektionalen Austausch übers Internet. Das Unternehmen tauscht sich mit der Zielgruppe über die gleichermaßen relevanten Themen aus. Dabei ist besonders wichtig, dass sich das Unternehmen in den Bereichen als Autorität und Anlaufstelle für genau diese fachlichen Fragen positioniert, somit als Fachexperte fungiert. Die Verwendung von Content Marketing macht Sinn, um von der zielgerichteten Vermarktung über Inhalte und von Inhalten zu sprechen.

Content Marketing fasst technisch alle Strategien und Praktiken zusammen, um somit mehrwertigen Content für die beworbene Marke bzw. für das Produkt zu schaffen. Außerdem wird Content Marketing auch dazu verwendet, den eigenen Content zu bewerben, sei dies auf eine informative, lehrreiche, unterhaltsame oder aber auch dekorative Art und Weise. Das Content Marketing entfaltet unabhängig vom verwendeten Kommunikationsformat und -kanal eine besondere Fokussierung auf die Generierung von natürlichem Traffic auf der Website des Unternehmens. Im SEO erfährt man die Wirkungsmacht an der Themenwelt des Unternehmens und seiner Produkte interessierten Leads und somit auch von Sales zur Steigerung des Umsatzes. Content Marketing wird von Jahr zu Jahr zunehmend populärer und die Nachfrage steigt permanent.

Zusammenfassend ist das Ziel die eigene Zielgruppe vom eigenen Unternehmen und dem Leistungsangebot ggf. sogar von der eigenen Marke zu überzeugen und diese dadurch als Kunden zu gewinnen und zu halten. Das schafft ein Unternehmen nur dann, wenn es den Kunden direkt anspricht und diese informiert, berät und auch unterhält.

**Wie kann man von Nachhaltigkeit im SEO sprechen?**

Man stößt auf Skepsis in einer Branche, die ihre Theorien und Maßnahmen fortlaufend zerlegt. Eher technisch als sprachlich versierte SEOs streben nicht mehr nur schnelle und somit kurzlebige Ranking-Erfolge an, sondern die Konsolidierung organisch erzielter Top-Rankings über nachhaltig relevante Inhalte.

Hier sind die Erstellung hochwertiger Inhalte und die Vermarktung derer notwendig, die wiederum auf der Nachfrage basiert.

Ziel ist eine große Anzahl qualitativer Verlinkungen aufzubauen, um die guten Positionen zu den nachgefragten Keywords in den Suchmaschinen zu gewinnen und halten zu können. Dies zeigt, dass je populärer ein Content ist und je mehr er von den Interessenten verlinkt wird, desto höher das organische Ranking der Landing-Page, auf der er angeboten wird. Hier wird wiederum erkennbar, dass Kooperation eine wichtige Rolle spielt. Man muss weg vom Push-Marketing. Das bedeutet, dass der Kunde nicht zum Produkt gedrängt werden darf, sondern dass man das Pull-Marketing verwenden sollte. Das bedeutet, dass man die Aufmerksamkeit der Kunden über die Bereitstellung ansprechender Inhalte auf sich zieht, damit diese in einen produktiven Dialog mit dem Unternehmen treten.

**Warum führt im SEO langfristig kein Weg am Content Marketing vorbei?**

In den letzten Jahren gab es weitere Turbulenzen in der nicht sonderlich stabilen SEO-Branche. Grund sind unter anderem die Suchalgorithmen-Updates von Google. Der Paradigmenwechsel von Keyword-basiertem Link-Building hin zum Content-basiertem Link-Aufbau zeichnet sich bereits seit einigen Jahren ab.

Dies wird durch Maßnahmen wie der Verschlüsselung von Quellen für organischen Traffic in Google Analytics nur noch mehr beschleunigt. Langfristig stabile Top-Rankings sind nur dann möglich, wenn die Content-Wünsche der Internet-User befriedigt werden. Somit steht fest, dass man nicht nur die eigene Website für die Suchmaschine, sondern auch deren Inhalte für die Zielgruppe optimieren muss. Die Konkurrenz ist hier besonders groß.

Suchmaschinenoptimierer sind nur diejenigen, die als Gewinner im Content-Seeding-Wettbewerb um die Aufmerksamkeit der Zielgruppe hervorgehen. Eine möglichst holistische Content-Strategie ist hier der Ausgangspunkt.

## Wie und worauf wirken sich die Strategien von Content aus?

Im besten Fall wirkt sich eine Content-Strategie auf mehrere Leistungskennzahlen im modernen Online-Marketing gleichzeitig aus. Das Ziel einer effektiven digitalen Content-Strategie ist die Aufmerksamkeit für den Brand so zu steigern, dass die Zielgruppe langfristig gezielt nach dem Content-Angebot des Brands sucht, ihn abonniert, weiterempfiehlt und so zur bedeutsamen Reichweite beiträgt.

Empfehlenswerter für die sozialen Netzwerke im Internet ist teilenswerter Content, der den Austausch zwischen den Nutzern immer weiter inspiriert und am Leben erhält. Je mehr sich die Social-Media-Nutzer über Shares, Likes und Tweets an dieser Konversation beteiligen, umso mehr Social Signals sendet der Content an die Suchmaschine. Die Anzahl und Qualität der Rankings für die Short- und Longtail-Keywords als auch der Backlinks sind weitere Indikatoren. Organischer Traffic sowie die darüber gesteigerten Leads und Sales haben letztendlich die größte Aussagekraft.

## Was passiert während der Content-Kampagne mit dem Content?

Eine Content-Kampagne hat einen Anfang, jedoch kein Ende. Die Idee hinter der Erstellung, Bereitstellung und Vermarktung von Inhalten ist, dass sich der Aufwand in Bezug auf Zeit und Geld langfristig auszahlt. Guter Content bleibt gut, relevant und hilfreich, selbst wenn dieser mal nicht aktuell ist.

Um genau das zu erreichen, ist die Planung sowie die Zieldefinition der Kampagne der wichtigste aber auch der schwierigste Schritt. Es müssen vorab grundlegende Fragen aus verschiedenen Blickwinkeln geklärt werden, denn nur so können hochwertige Backlinks und gewinnbringende Rankings im Themenfeld aufgebaut werden.

Blickwinkel aus SEO-Sicht:

- Zu welchen Keywords kann man den eigenen Content ranken? Besteht bereits eine Nachfrage zu dem Thema?

- In welchen Content kann Content kontinuierlich recycelt werden?

- Wie kann die grundlegende Geschichte aufbauend weitergesponnen werden?

- Von welchen Seiten und auch Multiplikatoren aus dem Themenfeld müssen Links generiert werden, um selbst als Informationsquelle wahrgenommen zu werden?

Blickwinkel aus Content-Sicht:

- Wie ist der Content? Interessant, problemlösend, bildend, unterhaltsam?

- Wer stellt die Zielgruppe unseres Contents dar? Wer soll unseren Content verlinken und weiterverbreiten?

- Was soll der Content kurzfristig und langfristig bezwecken?

- Wie garantiert man die Langlebigkeit des Contents? Was sind die Qualitätsansprüche? Eine kluge Ausrichtung der Content-Formate auf die individuelle Funktion in der Gesamtstrategie ist besonders wichtig. Nur eine korrekte Instrumentalisierung der Kommunikationswege entscheidet über den Erfolg.

**Was kann man mit dem eigenen Content noch erzählen?**

Die Idee eines Unique Contents entstand vor einigen Jahren aufgrund der Duplicate-Content-Abstrafungen von Google. Unique Content umfasst einzigartige und originelle Inhalte im digitalen Marketing. Auch in der SEO-Branche werden zahlreiche Fachbeiträge für die eigene aber auch für fremde Seiten geschrieben und publiziert.

Das Überangebot von Content im Internet macht es besonders schwierig etwas Neues zu erzählen. So gehen einem teilweise die Themen und Synonyme aus. Alte Texte werden nicht verändert, sondern nur verschönert, sodass der Inhalt gleich bleibt und sich lediglich die Verpackung ändert. Es ist nun also wichtig, wie man sich zu einem Thema äußert und was man dazu mitzuteilen hat. Denn feststeht, egal welches Thema man behandelt, es gibt bereits Inhalte dazu.

Die Besonderheit im Content Marketing ist, wie man seine eigene Geschichte gestaltet, wie man die Zielgruppe anspricht, wie smart und souverän man sie durch die bereits bestehende Themenwelt führt. Um sich selbst genügend über das Thema zu informieren und somit als Experte eine individuelle Stellung zum Thema einzunehmen, sind sowohl die Content-Recherche im Internet als auch in der Fachliteratur, der Austausch mit den eigenen Mitarbeitern, mit anderen Fachexperten und gegebenenfalls auch Kundenumfragen von großer Wichtigkeit.

Um auf dem aktuellsten Stand in der Branche zu sein und über die neuesten Trends informiert zu werden, empfehlen sich Recherchemethoden von Google. Dazu gehören unter anderem Google Suggest, Google-Trends-Abfragen, Google-Parameter-Befehlseingaben und einige mehr. Einige SEO-Management-Tools bieten hierfür die Möglichkeit an, diese Koordination direkt über das interne Kontaktmanagement zu vollziehen. Das bietet die Gelegenheit permanent auf dem neuesten Stand zu sein, welche Themen für welche Partner gerade relevant und welche Seeding- und Link-Quelle man nach welchen Themen und Interessen kategorisieren kann.

**Wie gewährleistet man die Qualität über Zeit?**

Durch die rapide voranschreitende Digitalisierung ist der Beruf des Journalisten gefährdet. Die Zahl der fest angestellten Journalisten sinkt und die Zahl freier, schlecht bezahlter Autoren steht auf der Tagesordnung. Man spricht nun vielmehr von Content-Lieferanten. In den USA sind Inbound-Marketing und Content Marketing-Manager bereits etablierte Berufsfelder. Ausgebildete Content-Manager sind hierzulande eine Rarität. Diese zu Marketingexperten heranreifenden Autoren garantieren hochwertigen Content.

**Was kann abschließend zum Thema Content Marketing sagen?**

Content ist eine Art Emanzipation der Unternehmen von Medien. Werden Unternehmen zu Content-Lieferanten, sind sie nicht mehr auf die Berichterstattung der Presse angewiesen. Du kannst nun selbst bestimmen, worüber und wie du mit deiner Zielgruppe kommunizierst. Mit Hilfe von Internet und Social Media kannst du deine eigene Themenwelt gestalten und selbst bestimmen, wer daran teilhaben kann und welchen Content du den Usern anbietest. Das Unternehmen erwartet wiederum Vertrauen und Loyalität gegenüber dem Brand und dass sich das langfristig auch bezahlt macht. Der Inhalt des Contents muss so herausstechen, dass das Suchbedürfnis des Users befriedigt wird. Der erste und größte Schritt hierfür ist das Content Marketing.

## „CONTENT IS KING"- ABER WIE?

Das Sprichwort „Content is King" scheint die populärste Verdeutlichung zur Content-Entwicklung auf allen Websites zu sein.

**Doch wie wird Content „King"?**

Um dir zu zeigen, wie du Content kreierst, welcher tatsächlich Mehrwert schafft, möchte ich dir zunächst den Stellenwert des Contents in Suchmaschinen erläutern und zeigen, wie es dir gelingt den eigenen Content zu optimieren.

**Content in Suchmaschinen:**

Eine vereinfachte Sicht auf die drei Bausteine des Erfolges in Suchmaschinen-Rankings verdeutlicht, dass der Content neben Links, Technik und Struktur den elementaren Faktor bildet. Content ist somit die tragende Säule des Online-Auftrittes!

Doch Content ist nicht gleich Content und dies wird zu oft vergessen, denn nur gezielter und Mehrwert schaffender Inhalt fördert das eigene Ranking und schafft zugleich verbesserte Conversion-Raten.

## Vorgehen einer Suchmaschine

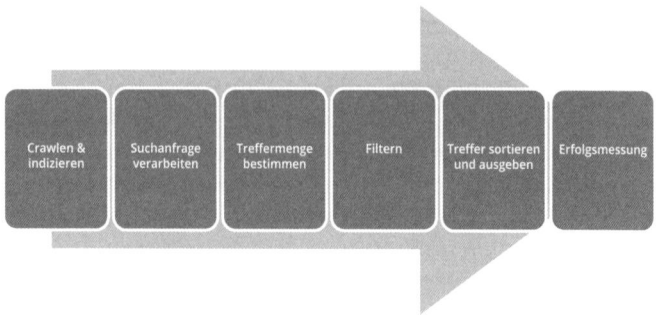

© *gruender.de*

Die bildliche Darstellung des Suchmaschinenvorgehens untermauert, in wie vielen einzelnen Prozessen der Content die Suchanfragen beeinflussen kann und es optimal ausgerichtet auch tut!

Ohne dass alle einzelnen Prozesse detailliert erklärt werden, wird klar, dass Suchmaschinen in allen Prozessen auf Content-Bausteine zurückgreifen.

Bei „Suchanfrage verarbeiten" wird auf die Keywords zurückgegriffen, im Anschluss daran steht der gesamte Content im Fokus und wird bei „Treffer sortieren und ausgeben" mit Berücksichtigung auf Links, Signale und Ranking-Faktoren bearbeitet, um somit die abschließende Erfolgsmessung durchzuführen.

**Warum dieses Schaubild?**

Hierbei sollte verdeutlicht werden, dass jede Seite, die auch gefunden werden soll, einer Suchmaschine auch mitteilen können muss, worum es in ihr geht. Schließlich greift die Suchmaschine nach diesem Prinzip auf eine Website zurück, um somit eine Suchanfrage optimal zu beantworten.

Zwischenfazit: Damit eine Suchmaschine auch deine Website

interessant findet, benötigst du relevanten, stetig wachsenden Text-Content in großem Umfang, welcher Mehrwertqualität für den Leser schafft!

**Wie macht Content aus Besuchern Kunden?**

Bei der Erstellung von Content sollte es nicht darum gehen, den Leser zu Produktkäufen zu zwingen oder mit Informationen zu überschütten. Nutze lieber guten Content, um deine Kompetenzen zu vermitteln und somit die Leser indirekt darauf aufmerksam zu machen, dass deine Produkte mindestens dieser Qualität entsprechen.

Kostenfreier (Unique) Content mit Mehrwert zeigt darüber hinaus, dass es dir um die Sache geht, und nicht um den schnellen Verkauf – dies schafft Sympathien und Vertrauen!

Löse dich also vom Gedanken, dass Content auf deiner Seite nur dazu dienen sollte, Käufer schneller zum Produktkauf zu verleiten.

Schaffe dagegen Kompetenzen und Vertrauen durch qualitativ hochwertigen Content, welcher den Lesern signalisiert, dass du Experte auf dem Gebiet bist und auf keine inhaltlosen Produktverkäufe aus bist.

## DIESE 7 SCHRITTE HELFEN DIR BEI DER RICHTIGEN CONTENT-ERSTELLUNG

1. **Content Strategien festlegen**

   Mit der Veröffentlichung des Contents muss klar definiert werden, wie Mehrwert geschaffen werden soll und in welchen Kategorien (Messen und Events, aktuelle Forschung und Trends, Probleme & Lösung, etc.). Ein klarer roter Faden durch den gesamten veröffentlichten Content lässt zum einen deine Leser und Interessenten erkennen, worum es im Kern geht und wie erwähnt, auch die Suchmaschinen, welche dir neuen Traffic verschaffen.

## 2. Themenfindung

Die ersten beiden Punkte stehen in enger Verbindung zueinander und könnten auch gemeinsam genannt werden. Mit der Themenfindung ist gemeint, einzigartigen bzw. seltenen Content zu thematisieren, welcher eben nur auf deiner Website zu finden ist und somit geschäftlich lukrativ wird. Eine Möglichkeit herauszufinden, wo Content oft gesucht wird und eventuell noch nicht ausreichend vorhanden ist, bietet Google Suggest.

Hier ein Beispiel:

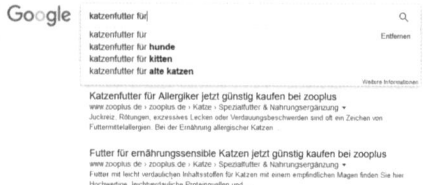

*Quelle: Screenshot*

Liegt das eigene Interesse beim Veröffentlichen von Content über Katzenfutter, so kann ganz einfach und schnell über diese Funktion aufgezeigt werden, in welcher Verbindung überdurchschnittlich zusammenhängend mit diesem Thema gesucht wird. Ein auf die vorgeschlagenen Kategorien würde somit dann differenzieren, wo mehr Fragen auftauchen und wo stärkerer Informationsbedarf besteht.

## 3. Relevante Keywords identifizieren

Hier bietet sich Google AdWords an, um zu finden, wonach viele suchen! Schaue nach Keywords zu deinen präferierten Thematiken, worüber du auf deiner Website informieren möchtest. Mit den Angaben über „Monatliche globale Suchanfragen" und „Monatliche lokale Suchanfragen" wirst du schnell sehen, wonach am meisten gesucht wird. Möchtest du dich z. B. über die Erstellung einer Bewerbungsmappe informieren, so ergibt der kleine Unterschied zwischen „Bewerbungsmappe" und „Bewerbungsmappen" eine Differenz von mehreren zehntausend Suchanfragen – dieses Wissen sollte genutzt werden!

### 4. Content-Planung erstellen

Damit der Content gut gerankt wird, sollte er auch dahingehend angepasst sein. SEO´s nutzen dabei moderne Analyseverfahren um zu erfahren, wie erfolgreich rankende Texte aufgebaut sind. Dazu dienen WDF*IDF-Analysen, welche den semantischen Raum erfolgreicher Seiten visualisieren und ein inhaltliches Grundgerüst aufzeigen. Unter Berücksichtigung dessen gilt, einen fokussierten Text zu verfassen, welcher alle relevanten Aspekte angemessen berücksichtigt und einen individuellen Schwerpunkt setzt.

### 5. Content erstellen oder erstellen lassen

Beim Verfassen eröffnen sich immer mehr Möglichkeiten, Content schreiben zu lassen. An erster Stelle steht natürlich immer noch die Option, eigenen Content zu schaffen, welcher kostengünstig in der Erstellung ist und nach eigenen Wünschen verfasst wird. Nachteil dessen ist natürlich die Frage, wie sehr das eigene Talent ausreicht um eben hervorragenden Content zu verfassen. Die Alternative bieten bezahlte Verfasser (freie Texter, Agenturen, Marktplatzplattformen, etc.), welche über das Knowhow des Verfassens von hochwertigen Content verfügen, jedoch auch bezahlt werden müssen – und das ist nicht immer billig. Vor- und Nachteile stehen natürlich beiden Seiten gegenüber, jedoch sollte man zuerst schauen, ob das eigene Talent zum Verfassen nicht doch genügt, bevor unnötige Kosten entstehen.

### 6. Content ausliefern

Content bedeutet nicht gleich Text, sondern beinhaltet auch Formen wie Fotostrecken, Videos, Beispielrechner und interaktive Grafiken. Auf all diese Formen darfst du gerne zurückgreifen, denn eine gute Mischung schafft immer neues Interesse bei den Lesern oder bringt viele Inhalte doch besser auf den Punkt.

### 7. Content pflegen

Einmal verfasster Content sollte nicht einfach nach der Veröffentlichung abgehakt werden, sondern immer wieder an neueste Entwicklungen angepasst werden. Entweder durch direkte Textüberarbeitung oder durch daran anknüpfenden Content. Dies schafft stets Aktualität und stärkt deine erscheinenden Kompetenzen.

## ⊕ Fazit:

Mit dem Ziel, Content optimal für das eigene Business einzusetzen, sollten viele Schritte berücksichtigt werden, um aus einem förmlichen Text lukrativen Content zu erstellen. Dabei müssen nicht immer kostenpflichtige Tools genutzt werden. Einfachste Anwendungen stiften dabei schon einen enormen Anschub.

Mit Berücksichtigung meiner 7 Schritte wird unterstützend eine beispielhafte Anleitung zum Erstellen von Content mit „King"-Niveau gegeben, von der auch du hoffentlich in Zukunft profitieren kannst.

### STORYTELLING FÜR GRÜNDER - WAS WAR DAS NOCH GLEICH?

© CC0 Public Domain / pixabay.com

Storytelling ist fester Bestandteil von Content Marketing. Storytelling hilft dir, den Einkauf in deinem Online-Shop zum Erlebnis zu machen. Mit Storytelling begeisterst du Menschen für deine Crowdfunding-Kampagne, und Storytelling ist Teil einer gelungenen Snapchat Story. – Das Schlagwort fällt immer wieder, aber was verbirgt sich dahinter? Die Frage soll im folgenden Abschnitt beantwortet werden.

Storytelling, auf Deutsch: „Geschichten erzählen", ist schon immer ein Mittel gewesen, um Menschen emotional zu erreichen. Denn Informationen werden viel leichter gespeichert, wenn sie mit Gefühlen und Bildern verknüpft werden. Wir bekommen dadurch einen unmittelbaren Bezug zu etwas, das wir uns ansonsten kontextlos merken müssten. Geschichten machen trockene Fakten, Warnungen oder Gebote anschaulich und nachvollziehbar. Nicht ohne Grund enthält das Neue Testament mehr als 30 Gleichnisse.

Der Autor Salman Rushdie nannte den Menschen einmal „the Storytelling Animal". Erzählen ist das, was menschliche Kultur ausmacht. Wir haben, lange bevor wir Schrift benutzten, Wissen ausschließlich mündlich weitergegeben und tun dies an manchen Orten der Welt bis heute. Auch dort, wo Menschen Informationen online aus Wikis, E-Books oder Excel-Tabellen beziehen, bleiben Geschichten wichtig. Allerdings erzählt man in jedem Medium anders.

**Storytelling im Marketing**

Nicht nur Großmütter, Romane und Filme erzählen Geschichten, sondern auch Werbung. Hast du einen Lieblings-Werbespot? Hat er eine Handlung? Gibt es einen Werbespot, an den du dich gut erinnern kannst? Hast du dir schon einmal freiwillig einen Werbespot auf YouTube angesehen, weil er unterhaltsam war und nicht, weil du das Produkt als solches toll findest? Wenn ja, dürftest du sehr genau wissen, was gutes Storytelling im Marketing bedeutet.

Auch Marken und Unternehmen selbst wollen ein bestimmtes Image und bestimmte Werte kommunizieren und eine Bindung zur Zielgruppe aufbauen. Wenn die Story Kunden einlädt, sich mit der Marke zu identifizieren, ist viel gewonnen. Jedes Unternehmen hat eine Geschichte und jedes Unternehmen hat Kultur. Um diese nach innen und außen hin zu kommunizieren und sich dabei ins richtige Licht zu rücken, braucht es Geschichten.

Wie diese konkret aussehen können, wird am Beispiel ‚Lattoflex' deutlich. Das 1935 gegründete niedersächsische Unternehmen stellt Lattenroste her und hat 2014 einen rund 20-minütigen Imagefilm herausgebracht. Wer glaubt, dass es zu Lattenrosten nicht mehr zu sagen gäbe, als dass sie ihre Arbeit am besten machen, wenn man gar nicht erst über sie nachzudenken braucht, hat sich offenbar geirrt. Das Video findest du auf YouTube unter „Die Lattoflex Story – Die Geschichte vom schmerzfreien Liegen" im Firmenkanal von Lattoflex (siehe: https://youtu.be/LimkLwiU8Yc).

Anhand dieses Videos wird auch klar: Es ist nicht unbedingt wichtig um WAS es geht, sondern WIE es erzählt wird. Du darfst auch nicht übersehen, dass dieses Video über den offiziellen Firmenkanal auf YouTube herausgebracht wurde, obwohl die Zielgruppe in einem Alter sein dürfte, in dem Rückenprobleme vermehrt auftreten. Social Media und Storytelling passen gut zusammen. Hier wird deine Zielgruppe unterhalten und gleichzeitig informiert.

An vorderster Social-Front stehen derzeit Anwendungen wie Snapchat und Vine. Videos für Snapchat können nur mit Snapchat über die Smartphone-Kamera aufgenommen werden. Hier ist eine andere Art professioneller Arbeit gefragt. In beiden Fällen hat man nur wenige Sekunden Zeit, um zu erzählen, was Möglichkeiten jenseits von Imagefilmen eröffnet. Manche Snapchat-Stars, die nun als Influencer mit Snapchat Geld verdienen, haben ihre Karriere auf Vine begonnen und dort die Kunst sich kurz zu fassen perfektioniert. Deine Story sollte aber auch auf anderen Kanälen nicht länger als nötig sein und so erzählt werden, dass jeder sie verstehen kann.

**Wie erzähle ich meine Geschichte?**

Storytelling gehört zum Repertoire von PR-, Marketing- und Kommunikationsfachleuten. Wenn du deine Geschichte nicht selbst erzählen willst oder kannst und die nötigen Ressourcen hast, sind entsprechende Agenturen eine Anlaufstelle.

Wenn du Einzelkämpfer bist, sieht die Sache natürlich anders aus. Eine Business-Story zu erzählen ist zwar eine kreative Herausforderung, aber Storys funktionieren auch, wenn sie nicht von Genies erzählt, geschrieben oder verfilmt werden. Denn Erzählen ist auch Handwerk. Das Medium ist das Material und es gibt immer Regeln, die im Sinne einer Bauanleitung gebraucht werden können.

1. **Am Anfang steht die Absicht**

   Du kennst deine Zielgruppe und willst bei ihr Emotionen wecken. Mache dir klar, welche das sein sollen. Storytelling dient des Weiteren auch dazu, potenzielle Kunden von der Marke oder dem Produkt zu überzeugen oder noch besser zu begeistern. Sie sollen auch aktiviert werden, dir zuhören und dann vielleicht etwas kaufen, etwas anklicken oder bei etwas mitmachen. Die Geschichte baust du dann so, dass sie die gewünschten Gefühle weckt. Ein Weg Emotionen zu erzeugen, der zunächst nichts mit der Story an sich zu tun hat, ist Musik (Ist dir aufgefallen, wie sie als Mittel in die Lattoflex-Story eingesetzt wurde?).

2. **Was braucht Meine Story?**

   Deine Story braucht auf jeden Fall mindestens eine Hauptfigur. Hier bietet es sich an, sie der Zielgruppe möglichst ähnlich zu machen, um den Identifikationsfaktor zu erhöhen. Deine Story spiegelt im weiteren Verlauf auch die Werte und den Lifestyle deiner Zielgruppe wider. Die Story selbst berichtet dann von einem Ereignis oder einem Problem und dem Umgang damit. Ein Ereignis lässt sich schon mit nur einem Bild erzählen. Der Problem-Plot kann in einem kurzen Spot erzählt werden oder epische Ausmaße annehmen. Hier haben unterschiedliche Theoretiker Plot-Gerüste herausgearbeitet, an denen du dich orientieren kannst. Zwei davon möchte ich dir an dieser Stelle vorstellen:

   **a)** Eins der einfachsten dieser Gerüste ist das sog. Dramadreieck, das hier frei nach seinem Erfinder Gustav Freytag wiedergegeben wird. Die Linie beschreibt hier den Spannungsbogen.

   Die Spannung wird erhöht während bestimmte Dinge geschehen, die Situation der Hauptfigur verschärft sich bis

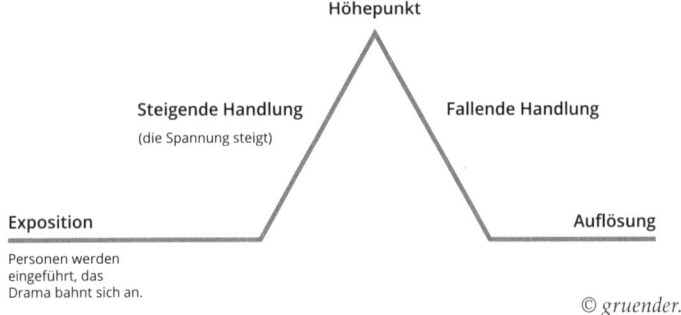

© *gruender.de*

zum Höhepunkt, wo sich ihr Glück dann wendet. Dann verlangsamt sich die Handlung wieder und am Ende kommt es zur Auflösung. Anders als Freytag seinerzeit möchtest du für deine Story an dieser Stelle ein Happy End. Deiner Zielgruppe wird dadurch ein positives Gefühl auf den Weg gegeben. Das sieht vielleicht etwas abstrakt aus, aber dieses Muster ist mitunter der Grund, warum Filmhandlungen oft so vorhersehbar wirken. Das ist in diesem Fall aber durchaus vertretbar. Du bist nicht Thomas Mann und du willst nach Möglichkeit eine kurze und einfache Story vermitteln, die Leser oder Zuschauer mit einem guten Gefühl belohnt. Du kannst diese Grundstruktur auch problemlos mit dem nächsten Modell verbinden.

**b)** Interessant ist auch der Ansatz des Autors Christopher Brooker. In seinem Buch „The Seven Basic Plots" kommt er zum Schluss, dass es insgesamt sieben Grundmuster für Erzählungen gibt: Die Überwindung des Ungeheuers, Vom Bettler zum König, Die Queste, Reise (und Rückkehr), Die Wiedergeburt, Tragödie und Komödie. Deine Gründer-Story könnte nach diesen Mustern erzählt werden. Da du sie aber nicht als Komödie und schon gar nicht als Tragödie erzählst, konzentrieren wir uns auf die ersten 5:

**Die Überwindung des Ungeheuers:** Auf dem Weg zum Erfolg muss sich der Gründer einer existentiellen Bedrohung stellen, aus der er oder sie siegreich hervorgeht.

**Vom Bettler zum König:** Bei dieser klassischen Erfolgsgeschichte fängt der Gründer klein an und arbeitet sich von ganz unten nach ganz oben.

**Die Queste:** Eine Queste bezeichnet ein Abenteuer, wie Ritter sie bestehen. Zentral ist dabei die Suche nach einem bestimmten Gegenstand oder Ort. Auf dem Weg müssen zahlreiche Hindernisse und Widerstände überwunden werden. Der Gründer wird hier zum mutigen Helden. Er würde zum Beispiel auf die Suche nach dem optimalen Produktionsland für sein faires Bio-Produkt gehen oder Reisen unternehmen, um DIE Geschäftsidee zu finden.

**Reise (und Rückkehr):** Dieser Plot ähnelt als Gründer-Story der Queste. Allerdings würde der Gründer eher als friedlicher Fremder in einem fremden Land auf neue Dinge stoßen und am Ende nur mit dem entscheidenden Knowhow oder der Philosophie, die ihn erfolgreich gemacht hat, zurückkehren.

**Die Wiedergeburt:** Der Gründer wurde nicht als Unternehmer geboren. Eines Tages aber geschah ihm etwas, das ihn zutiefst erschütterte und ihn geradezu überwältigte. Er musste sich neu erfinden und wurde so ein neuer, besserer Mensch, ein Entrepreneur.

Wer schon einmal seinen Lebenslauf für eine Bewerbung nachpoliert hat, weiß, dass sich derselbe Weg auf unterschiedliche Weise darstellen lässt. Eine Gründer-Story sollte genauso wahr sein. Es kommt aber in erster Linie darauf an, dass das Gefühl, mit dem du erzählst, echt wirkt.

Für den Psychoanalytiker C. G. Jung gab es neben der objektiven Wahrheit, die auf Fakten beruht, auch eine psychische Wahrheit. Für ihn konnten Märchen oder Mythen insofern wahr sein, als dass sie die richtigen unbewussten Muster und infolge auch die richtigen Gefühle bei den Zuhörern ansprachen und deshalb für sie stimmig wirkten.

Das gilt umso mehr für Business-Storys. Denn hier kommt es darauf an, dass du Menschen inspirierst. Nur so werden sie Sympathie für dich und dein Produkt entwickeln. Und darauf kommt es an, denn Kaufentscheidungen sind ebenso wenig rational, wie die Entscheidung eine Crowdfunding-Kampagne zu einem Produkt, das noch nicht existiert, zu unterstützen.

An dieser Stelle noch ein letztes Beispiel. Ohne Authentizität wäre dieser Werbespot undenkbar. Ab Sekunde 19 tritt der Geschäftsführer selbst vor die Kamera und erklärt seine Mission. Die Rede ist von Claus Hipp und dem bekannten Slogan „dafür stehe ich mit meinem Namen" (zu finden auf YouTube unter: https://youtu.be/54p7BdE6hys).

## ➕ Zusammenfassend:

Geschichten erzählen ist fester Bestandteil menschlicher Kultur. Auch als Gründer kommst du nicht drumherum, deine Story zu erzählen. Wenn du bestimmte Dinge richtig machst, gibst du deiner Zielgruppe damit eine Möglichkeit, sich mit dir oder deinem Produkt zu identifizieren. Gleichzeitig sprichst du ihre Gefühle an. Dabei kannst du grundsätzlich bewährte und alte Muster bedienen. Du musst nicht zu J. K. Rowling werden oder das Plot-Rad neu erfinden, so lange du authentisch bleibst. Das Internet bietet dir dabei viele Möglichkeiten, von der eigenen Website mit Blog über Social-Media-Kampagnen zum Mitmachen bis hin zu professionellen Image-Videos für YouTube.

# 10 Fehler:
# Was Onliner von einem Offline-
# Profi lernen können

**Ein Gastbeitrag von Dirk Kreuter**

Die Offline-Welt ist im Wandel! Bis vor zwei Jahren konnte ich mich als reinen Offliner bezeichnen. Ich hatte eine Website, aber das war das höchste der Gefühle in (meiner) damaligen Online-Welt.

© *Dirk Kreuter*

Heute, zwei Jahre später hat sich das Blatt um 180° Grad gewendet. Ich habe die größte Bekanntheit aller Zeiten und täglich lernen mich noch mehr neue Menschen kennen.

Meine Hauptstrategie spielt sich nur noch rein online ab. Jeden Tag erreiche ich über 200.000 Menschen im Internet. Mehr als 10 Millionen Videoviews habe ich im letzten Jahr bekommen und im Durchschnitt jeden 3. Deutschen Facebook User erreicht.

Wie kam das? Ich erkannte, dass sich online die Welt anders abspielte als in der offline Welt.

Kunden und Interessenten werden immer skeptischer, Informationen sind nur einen Klick entfernt. Was dem einen zum Verhängnis werden kann, ist aber auch des Anderen Chance. Denn ein neuer Kunde ist nur noch ein Mausklick und kein Treffen oder Telefonat mehr entfernt.

Denn es braucht nicht mehr überall ein persönliches Treffen, damit eine Kaufentscheidung getroffen werden kann. In einigen Branchen reicht schon ein gutes, qualitatives Video aus oder statt dem Telefonat kommt das Webinar zum Einsatz.

Übrigens: ich sage nicht, dass die Offline-Welt damit überflüssig wird. Im Gegenteil! Die Magie liegt darin, beides miteinander zu verbinden!

**Was kannst du also als Onliner von einem Offline-Profi im Verkauf wie mir lernen?**

Ich beobachte bei denen, die online etwas erreichen wollen, folgende 10 Fehler regelmäßig:

1. Kein Kunde kauft ein Merkmal. Wir alle kaufen immer nur unseren Vorteil. Jemand der einen Audi quattro mit Allrad kauft. Kauft kein Allradantrieb, sondern er kauft bei 20 cm Neuschnee sicher zu Hause ankommen. Oder bei 230 km/h auf der Autobahn eine langgezogene Rechtskurve, es beginnt zu regnen und auf dem Gas bleiben. Aber Allradantrieb braucht kein Mensch. Frag dich, was will deine Zielgruppe, dein Zielkunde wirklich. Es gibt hunderte von Merkmalen, aber nur wenige echte Vorteile für deinen Kunden: z. B. Geld sparen, Geld verdienen, Sicherheit, Bequemlichkeit, Anerkennung, Zeit sparen usw.

   Zahlen deine Texte in deinen Newsletter, auf deiner Webseite, bei deinen Produktbeschreibungen darauf ein? Wenn nicht, verschenkst du ein unheimlich großes Potenzial.

2. Wenn dir jemand ein altes Klassenfoto zeigt, welche Person suchst du als erstes auf dem Foto? Dich selbst, natürlich! Wir sind alles Egoisten, auch wenn das gesellschaftlich gerade nicht besonders angesagt ist. Das bedeutet, dass unsere Kunden auch Egoisten sind. Egoisten wollen mit ihren Bedürfnis-

sen, mit ihren Wünschen im Mittelpunkt stehen. Deshalb gilt es auch sprachlich deine Kunden anders zu erreichen. Was nicht passt sind Formulierungen wie „wir", „uns", „unser", „ich" oder „man". Wenn du Texte formulierst, dann achte auf die sogenannte Sie-Formulierung. Wenn du deinen Kunden duzt, dann natürlich auch in der du-Fassung. Nicht: „Ich zeige Ihnen", sondern: „Sie sehen jetzt". Nicht: „Wir schicken Ihnen", sondern: „Sie erhalten umgehend". Kein Kunde nimmt das bewusst war, aber im Unterbewusstsein fühlt es sich viel besser an. Kundenorientiert kommunizieren mit der Sie-Formulierung.

3.  Bitte denke jetzt einmal nicht an den Eifelturm. Jetzt einmal nicht daran denken! Woran denkst Du in diesem Moment? Na klar, an den Eifelturm. Warum? Unser Gehirn wandelt jedes Wort in ein Bild um. Wir denken, wir träumen, wir erinnern uns nur in Bildern. Für bestimmte Wörter gibt es aber keine Bilder. Für die sogenannten Negationen. Das sind Worte wie nie, nicht, keine. Wenn ich dir sage, bitte denke nicht an den Eifelturm. Dann nimmt dein Gehirn nur den Eifelturm war. Die Negation wird ausgeblendet. Das hört sich nach einer Kleinigkeit an. Doch eine Kleinigkeit mit einer riesigen Wirkung. Denn ein guter Verkäufer bestimmt die Bilder im Kopf seines Kunden, positiv wie negativ. Wie oft verwendest du Formulierungen wie: Das dauert nicht lange. Das ist nicht teuer. Da gibt es keine Folgekosten. Damit hatten wir noch nie Probleme. Hier gibt es keine Reklamationen. usw. Du meinst es gut, ich weiß, doch was bei deinem Kunden ankommt, ist genau das Gegenteil. Du erzeugst Bilder in seinem Kopf, die ihn von einer Kaufentscheidung Abstand nehmen lassen. Also texte deine Formulierungen frei von Negationen.

4.  Hast du dir in Ruhe schon einmal eine Teleshopping-Sendung angeschaut? Ich liebe Teleshopping. Ich kann mich da total für begeistern. Warum? Weil du dort die psychologischen Verkaufsprozesse optimal beobachten kannst. Wer ist die Zielgruppe für Teleshopping? Es sind die älteren Omis, die keinen Internetzugang haben. Du siehst hier ein Element, was besonders wichtig ist, gerade im Online-Bereich: die Verknappung. Alle Menschen reagieren auf Verknappung. Du möchtest nichts verpassen. Deswegen werden im Teleshop-

ping oftmals von 5 Größen nur noch 3 angezeigt, weil 2 schon ausverkauft sind. Oder von 5 Farben sind nur noch 2 verfügbar. Und natürlich ist das die letzte Lieferung. Gleiches gilt für dich im Online-Marketing. Sorge immer für Verknappung. Diese lösen bestimme Trigger in unserem Kopf aus, die dafür sorgen, dass wir Kaufentscheidungen deutlich schneller treffen.

5. Der Referenzrahmen: Die Lufthansa hat vor einer Zeit veröffentlicht, dass sie auf vielen Langstrecken die First Class streichen wird. Ich denke das ist ein großer Fehler. Nun stehen nur noch Business und Economy zur Verfügung. Im Zweifel wird der Kunde das günstigere Ticket buchen. Damit wird die Lufthansa deutlich weniger Umsatz machen. Es wird einen Trend zu den günstigeren Tickets geben. Es geht nicht darum, dass in der First Class irgendwelche Leute fliegen. Von mir aus können die Sitze sogar leer bleiben. Doch bei der Kaufentscheidung schaltet unser Kopf auf Autopilot. Wir haben eine Tendenz zur Mitte. Wenn es First, Business und Economy gibt, dann gibt es einen starken Trend zur Business Class. Das bedeutet, dass du im Idealfall deinen Kunden drei Optionen anbietest. Wobei die mittlere Option die meist verkaufte sein wird.

6. Bleiben wir noch einmal beim Referenzrahmen. Der Abstand zwischen den drei Angeboten ist elementar. Die Aufteilung muss ein: S, M, XL. Ja, du hast richtig gelesen. Der Abstand zwischen dem S- und M-Angebot darf nicht besonders groß sein. Der zwischen M und XL muss deutlich gravierender sein. Tendenziell 30 % - 50 % mehr Preisabstand zwischen M und XL, als zwischen S und M. Das ist sehr wichtig. Nur mit diesen Abständen kann unser Gehirn die Differenz richtig zuordnen. Dadurch hast du die Steuerung stärker zum M-Paket.

7. Komplexe Entscheidungen mag unser Gehirn nicht. Deswegen treffen wir dann lieber gar keine Entscheidung. Das bedeutet, mach deinen Kunden den Einkauf so einfach wie möglich. Biete deinen Kunden Pakete an. Als die Automobilindustrie vor einigen Jahren das Internet für sich entdeckt hatte, konntest du jedes Neufahrzeug beliebig konfigurieren.

Lederausstattung ohne Sitzheizung, alles war möglich. Doch das war natürlich viel zu komplex. Am Ende haben die Meisten Nutzer das Fahrzeug nicht komplett zu Ende durchkonfiguriert. Weil es ihnen zu aufwendig war. Daraufhin haben die Hersteller Pakete angeboten. Das Sport-Paket, das Eleganz-Paket usw. Jetzt wurden viel mehr Fahrzeuge bis zum Ende durchkonfiguriert. Fazit: Mach deinen Kunden die Kaufentscheidung leicht und biete Pakete an.

8. Du lebst nicht vom Umsatz, du lebst von dem, was übrigbleibt. Von deinem Gewinn, von deinem Ertrag. Deshalb ist es so wichtig über deine Rabattstrategie nachzudenken. Natürlich machen Rabatte in bestimmten Situationen Sinn. Doch Rabatte gehen sofort an deine Marge. Denk einmal über die Variante der Draufgabe nach. Eine Draufgabe ist ein Naturalrabatt. Das bedeutet, wenn ein Kunde 10 Stück X bestellt, bekommt er 2 Stück Y dazu. Das hat für dich eine Menge Vorteile: dein Kunde hat ein Erfolgserlebnis und fühlt sich gut. Du hast trotzdem volles Geld in Deiner Kasse. Dem Kunden fehlt später die Vergleichbarkeit, die bei einem normalen Rabatt gegeben wäre. Du gibst nur bei den Draufgaben deinen Einstandspreis ab. Es ist viel weniger als du denkst. Langfristig wirst du so viel mehr Marge realisieren können. Also, arbeite mit Draufgaben.

9. Überzeugen über Zeugen: Wir alle springen auf Referenzen an. Referenzen geben uns Orientierung in der Kaufentscheidung. Gerade im Internet finde ich immer wieder Beispiele wo Peter S. aus M. ein Zeuge sein soll. Das funktioniert so nicht. Der Zeuge muss mit Ross und Reiter genannt werden. Peter Schneider, Geschäftsführer der ABC Immobilien, Kunde seit 2011 sagt: „..." Jetzt ist der Kunde hieb und stichfest und jetzt funktioniert es auch.

10. Beschäftige Dich mit Geistiger Brandstiftung®. Das ist eine von mir entwickelte Verkaufsmethode, bei der es darum geht, nicht nur Vorteile zu kommunizieren, sondern auch die Nachteile. Es gibt drei Varianten der Geistigen Brandstiftung®. Im Online-Bereich ist die 2. Variante die Wichtigste, die mit der Checkliste. Kunden die beispielsweise den Warenkorb abbrechen, die Webseite verlassen, Ware zurückschicken oder

Ihren Auftrag stornieren brauchen eine Checkliste mit 8 bis 12 Punkten, auf die sie beim Kauf dieser Dienstleistung oder Produkte achten sollten. In dieser Checkliste stellst du deine Vorteile und die Nachteile deiner Marktbegleiter heraus. Die Geistige Brandstiftung ist richtig eingesetzt eine Waffe. Du wirst Aufträge realisieren, die bisher unerreichbar erschienen.

Vielleicht überprüfst du deine eigenen Aktivitäten einmal auf diese Fehlerquellen.

Es gibt noch deutlich mehr Fehler, die ich immer wieder in der Online-Welt entdecke. Doch das ist das Buch von Tom und ich darf nur ein Kapitel hinzusteuern. Interessiert dich das Thema Verkauf, gerade auch online mehr, dann nutze meinen Podcast „Dirk Kreuters Vertriebsoffensive", meinen YouTube-Kanal oder noch besser komm einmal zu meiner Wochenendveranstaltung „Dirk Kreuters Vertriebsoffensive".

Und bitte denke daran, egal ob online oder offline: Wir alle verlieren Aufträge nicht an bessere Produkte, bessere Dienstleistungen oder bessere Preise, sondern immer nur an bessere Verkäufer.

Sei auch du ein noch besserer Verkäufer!

In diesem Sinne viel Erfolg und fette Beute,

Dein Dirk Kreuter

# 02

# Suchmaschinenoptimierung (SEO)

Praktisch kein Existenzgründer kann heute noch auf eine eigene Webpräsenz verzichten. Dabei geht es nicht nur darum, Nutzern ansprechende Inhalte und attraktive Produkte oder Leistungen zu präsentieren. Im World Wide Web existieren heutzutage bereits mehrere Milliarden Webseiten. Die Kunst für einen Webseiten-Betreiber besteht also darin, in diesem Dschungel erst einmal überhaupt gefunden zu werden.

Wenn Internetnutzer bei einer Suchmaschine, wie z. B. Google, etwas suchen, geben sie ein oder mehrere Suchbegriffe oder sog. „Keywords" ein. Das Problem für dich als Unternehmer könnte nun darin bestehen, dass deine Webseite nicht unter den TOP-Ergebnissen der Suchanfrage angezeigt wird. Das sollte aber für jeden Webseiten-Betreiber eine der wichtigsten Prioritäten sein, denn eine sehr gute Position bei den Suchergebnissen sorgt dafür, dass du die meisten Besucher auf deiner Seite für ein bestimmtes Keyword erhältst. Mehr Besucher heißt nämlich auch mehr Umsatz.

## DAS SEO-PRINZIP: WOVON HÄNGT DAS RANKING BEI GOOGLE EIGENTLICH AB?

SEO basiert auf den Suchalgorithmen von Suchmaschinen und versucht durch geeignete Maßnahmen, Webseiten bei Suchergebnissen systematisch möglichst weit oben zu platzieren. Die

Wahrscheinlichkeit erhöht sich dann, dass ein User, der einen bestimmten Suchbegriff eingibt, die betreffende Seite auch tatsächlich anklickt – eine entscheidende Voraussetzung dafür, dass aus einem Klick eine Kundenbeziehung entsteht. Wird die Suchmaschinenoptimierung konsequent betrieben, können Gründer darüber effizient neue Kunden gewinnen.

Dies ist allerdings nicht immer ganz einfach. Denn die Suchalgorithmen der Suchmaschinenbetreiber sind bestgehütete „Geschäftsgeheimnisse" und ändern sich obendrein ständig. Außerdem sind sie komplex, der Algorithmus von Google beruht beispielsweise auf mehr als 200 Kriterien. Gründer, die SEO betreiben, können sich daher nicht auf einer einmal erfolgten Optimierung ausruhen, sondern müssen ihre Webseite immer wieder überprüfen und ggf. anpassen, um ihre Top-Rankings zu behalten.

Trotz dieser Herausforderungen kann SEO ein sehr effizienter Marketing-Kanal sein. Es sind zwar zunächst nicht unerhebliche Anfangsinvestitionen zu leisten, um eine Keyword-Strategie zu erarbeiten und die Webseite entsprechend zu optimieren. Dafür sind die generierten Klicks kostenlos. SEO ist daher im Vergleich zu bezahlten AdWords-Kampagnen mit nur geringen laufenden Kosten verbunden. Dadurch bleibt das Verhältnis von Aufwand und Ertrag günstig.

Allerdings müssen Gründer ein wenig Geduld mitbringen. Die Wirkung der Optimierung ist oft erst nach einigen Monaten sicht- und messbar. Es kommt auch auf das jeweilige Geschäftsmodell an, wie sinnvoll Suchmaschinenoptimierung als Instrument ist. Am besten wirkt SEO, wenn zu dem Geschäftsmodell Suchbegriffe existieren, nach denen Nutzer in Suchmaschinen bereits aktiv und intensiv suchen. Dadurch entsteht quasi eine Sogwirkung auf die betreffende Seite. Schwieriger ist es bei innovativen Produkten oder Leistungen, nach denen noch nicht recherchiert wird. Hier kommt es darauf an, interessante Inhalte mit „attraktiven" Suchbegriffen zu platzieren.

Wie genau Google bei der Suche vorgeht, wird wohl für immer ein Geheimnis bleiben. Man kann jedoch experimentell ermitteln, welche Faktoren die Suche beeinflussen. Um überhaupt bei Google gefunden zu werden, solltest du deine Website zunächst einmal bei Google registrieren. Doch leider ist das noch nicht genug, um Spitzenpositionen bei Suchanfragen zu erlangen.

Wertvolle Tipps gibt es diesbezüglich wie Sand am Meer – entscheidend ist vielmehr, welche Tipps und Strategien schnell und wirkungsvoll umzusetzen sind, damit du auch den ersehnten Erfolg schnell merkst. Ich habe in all den Jahren viele Strategien getestet und präsentiere dir daher im Folgenden die wichtigsten Faktoren und schnellsten Strategien für ein besseres SEO-Ranking.

## ONPAGE-OPTIMIERUNG: DIE 9 WICHTIGSTEN KRITERIEN FÜR EINE TOP-LISTUNG BEI GOOGLE

Die OnPage-Optimierung beinhaltet alle Maßnahmen, die ergriffen werden können, um die Inhalte und die Struktur einer Website so zu optimieren, dass diese in den Ergebnissen der Suchmaschinen möglichst weit vorne zu finden sind. Hier stelle ich dir 9 Kriterien vor, die deine Listung bei Google beeinflussen.

### 1   Eine nutzer- und suchmaschinenfreundliche URL

Der Domain-Name bleibt weiterhin ein entscheidender Erfolgsfaktor, um bei Google gute Positionen im Ranking einzunehmen. Die URL (Uniform Resource Locator) ist die eindeutige Identifikation bzw. Adresse eines Dokumentes im Internet. Sie kann direkt in die Adressleiste im Browser eingegeben werden und führt direkt zur gewünschten Webseite. Die perfekte URL ist nicht nur SEO – sondern auch nutzerfreundlich und somit sowohl für Suchmaschinen als auch für Menschen leicht lesbar.

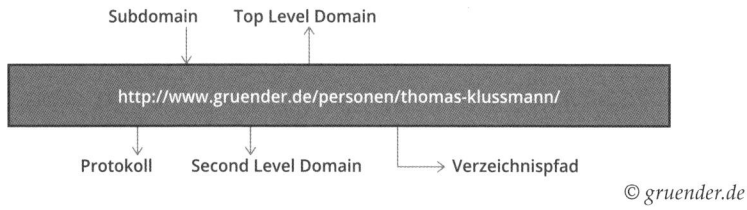

© *gruender.de*

---

**Protokoll:** Das Übertragungsprotokoll bildet die Basis für die Netzkommunikation im Internet. Webadressen nutzen üblicherweise das HTTP-Protokoll (HTTP steht für Hypertext Transfer Protocol). Dieses dient der Übertragung von Daten im Internet. Das Protokoll wird vor allem zum Laden von Webseiten oder anderen Dokumenten über einen Webbrowser genutzt. Andere verwendete Protokolle sind unter anderem HTTPS (Hypertext Transfer Protocol Secure), das der sicheren bzw. verschlüsselten Datenübertragung dient, FTP (File Transfer Protocol) oder SMTP (Simple Mail Transfer Protocol).

**Domain:** Der Domain-Name besteht aus der Top-Level-Domain (TLD), der Second-Level-Domain (SLD) und der Subdomain oder auch Third-Level-Domain genannt. Obwohl die Bezeichnung der Subdomain "www" für einen Webserver nicht standardisiert ist, wird sie sehr oft verwendet, da sie sich im Laufe der Zeit als Merkmal einer Internetadresse etabliert hat. Die Bezeichnung ist jedoch nicht notwendig und kann verändert oder sogar ganz weggelassen werden. Second-Level-Domains können bei vielen Hosting-Providern bestellt werden. Die Top-Level-Domain bezeichnet den letzten Abschnitt der Domain im Internet. Bekannte Top-Level-Domains sind unter anderem de, com, at, net und ch.

**Verzeichnispfad:** Der Verzeichnispfad gibt den Speicherort des Dokumentes an, der sich meist aus der Ordnerstruktur auf dem Webserver ergibt. Auf dem Server können Verzeichnisse und Unterverzeichnisse angelegt werden, die in der Browser-Adresszeile durch Schrägstriche voneinander getrennt werden.

**Für den Weg zur perfekten URL solltest du folgendes beachten:**

**a) Sonderzeichen möglichst vermeiden**

Grundsätzlich sollten URLs leicht lesbar sein, weshalb im Allgemeinen am besten nur Buchstaben von a bis z sowie Zahlen von 0 bis 9 und Trennstriche (-) verwendet werden sollten. Theoretisch ist es auch möglich andere Zeichen aus dem ASCII zu verwenden. Hierbei kann jedoch das Problem auftreten, dass andere Zeichen von Servern falsch interpretiert werden könnten.

- **Umlaut Handling:**

  Seit 2003 können auch Umlaute in Domain-Namen verwendet werden. Zwar gibt es ein Verfahren (idn-convert (Punycode), mit dem die Sonderzeichen entschlüsselt werden können, allerdings sollte man trotz dessen versuchen, ohne Umlaute in der URL auszukommen, um Probleme in der Crawlbarkeit und Darstellung zu vermeiden. Bei der Verwendung von Umlauten in der URL besteht die Gefahr, dass Suchmaschinen die URL falsch interpretieren und entweder falsch indizieren oder erst gar nicht in den Index aufnehmen. Denn eine URL, die aus Umlauten besteht, muss zunächst in ASCII-Zeichen „übersetzt" werden. Wenn du alle Umlautprobleme vermeiden möchtest, solltest du bei der Dokumentdefinition für HTML darauf achten, dass UFT-8 angegeben wird. So kann der Browser die Zeichenkodierung entschlüsseln und alle Sonderzeichen und Umlaute korrekt wiedergeben.

- **Trennzeichen:**

  Im Allgemeinen können verschiedene Trennzeichen (-, +, _, , ...) verwendet werden. Allerdings sollte nach Möglichkeit nur mit normalen Bindestrichen (-) gearbeitet werden, da diese von allen Suchmaschinen gleich erkannt werden und keinen Interpretationsspielraum bieten. Die Verwendung eines Leerzeichens könnte zu Problemen führen, da es gleichzeitig das Ende einer URL ausdrückt.

- **Dynamische URLs:**

  Bei dynamischen URLs wird der Seiteninhalt über Parameter gesteuert. Dynamische URLs werden in dem Moment der Abfrage des Users erzeugt. Die dynamische URL ist von der statischen URL abzugrenzen und kann durch die für dynamische URLs typischen Sonderzeichen ?=& nach dem Verzeichnispfad erkannt werden. Ein Beispiel für eine dynamische URL könnte sein: http://www.beispiel.de/kategorie/post.php?post=35754&action=edit.

  Dynamische URLs haben oft Nachteile. Keywords sind oftmals nicht in der URL enthalten, was sowohl aus SEO- als auch aus Usability-Perspektive schlecht ist. Des Weiteren sind dynamische URLs meist unnötig lang und es besteht die

Gefahr, dass Duplicate Content erzeugt wird, da der gleiche Inhalt unter unterschiedlichen URLs erreichbar ist. Einer der wichtigsten SEO-Grundsätze besagt jedoch, dass der Inhalt einer Webseite nur genau über eine URL zu finden sein darf. Der Erzeugung von Duplicate Content kann durch den Einsatz des Canonical Tags oder das Sperren von Parametern in der Google Search Console entgegengewirkt werden. Ein Canonical Tag ist eine Angabe im Quellcode einer Webseite, um bei mehrfach verwendetem Inhalt (Duplicate Content) die Originalressource auszuweisen damit Suchmaschinen die Inhalte nicht willkürlich indexieren und das Duplikat als primäre Ressource betrachten. Es heißt außerdem, dass dynamische URLs eine schlechte Click Through Rate (CTR) in den Suchergebnissen haben. Die Click Through Rate (Klickrate) ist die prozentuale Angabe der Anzahl an Klicks auf eine Werbeanzeige im Verhältnis zu der Häufigkeit mit der sie angesehen wird.

## b) Groß- und Kleinschreibung

In URLs kann normalerweise sowohl Groß- als auch Kleinbuchstaben verwendet werden. Allerdings sollte man sich eher auf die Kleinschreibung beschränken, da bestimmte Betriebssysteme Groß- und Kleinschreibung unterscheiden. Ein externer Link in verschiedener Schreibweise kann so zu einem Duplicate Content führen. Das kann allerdings durch eine Serverkonfiguration, bei der eine fehlerhafte Schreibweise immer auf die Original-URL zurückgeführt wird, verhindert werden. Andere Lösungen sind 301-Weiterleitungen, Canonicals oder das URL-Manipulations-Modul mod_rewrite.

## c) Trailing Slash

Trailing Slashs werden meist als abschließendes Zeichen („/") hinter den Verzeichnispfad in der URL gesetzt. Um die Erzeugung von Duplicate Content zu verhindern, sollte sich entschieden werden, ob ein Trailing Slash hinter dem Verzeichnispfad verwendet werden soll oder nicht. Hinter einen Ordner wird üblicherweise immer ein Trailing Slash gesetzt. Dieser hilft sowohl den Nutzern als auch den Crawlern (automatische Metasuchmaschinen für die Volltextsuche im Internet) festzustellen, ob es sich um einen Ordner oder um eine Datei handelt. Mit der Konfiguartionsdatei .htaccess können Trailing Slashs hinzugefügt oder entfernt werden.

## d) Möglichst kurze URLs verwenden

Wie bereits erwähnt, sollten URLs sowohl für den Nutzer als auch für die Suchmaschinen so unkompliziert wie möglich gestaltet werden. Verständliche URLs weisen direkt auf den Inhalt einer Seite hin und auch Suchmaschinen haben es leichter, wenn sie eine Seite crawlen. Wenn die URL unnötig lang ist oder aus unendlichen Zahlen oder Parametern besteht, verwirrt das den Nutzer. Solche URLs können auch schnell unseriös wirken, da sie für den User keine Hilfe darstellen und nichts sagend sind. Im schlimmsten Fall wird der User bei solch einer URL abgeschreckt und klickt das Ergebnis erst gar nicht an. URLs, die viel zu lang und voll gepackt mit merkwürdigen Sonderzeichen sind, können auch beim Copy & Paste der URL zu Schwierigkeiten führen. Nutzer könnten irrtümlich denken, dass ein bestimmter Teil der URL nicht wichtig ist und weggelassen werden kann.

Als Grundregel für die URL gilt deshalb immer: So lang wie nötig und so kurz wie möglich. Die URL im Snippet wird nach einer gewissen Zeichenanzahl abgeschnitten. Achte deshalb darauf, dass du Füllwörter wie der, die, das, in, um ect. vermeidest und dir stattdessen wichtige Keywords überlegst. URLs, die aus sinnvollen und zum Kontext der Seite passenden Keywords bestehen, nicht zu lang sind und einer einfachen Verzeichnisstruktur folgen, ranken auf Google besser.

## e) Kein Keyword Stuffing

Zwar ist es wichtig, mindestens ein bis zwei Keywords für deine URL zu definieren, allerdings sollten diese Keywords nicht unnötig oft wiederholt werden in der Hoffnung, die Suchmaschinen zu manipulieren. Aus Google Sicht gilt das Keyword Stuffing sogar als unerlaubte SEO-Technik. Es dient dazu, die Keyword-Relevanz künstlich zu erhöhen, wird aber von den Suchmaschinen als Spam-Maßnahme angesehen und kann zur Abwertung der Seite führen.

## ⊕ Fazit:

Mit Hilfe einer gut durchdachten URL kannst du dein Google Ranking verbessern, weshalb du dich mit diesem Thema beschäftigen solltest. Eine bereits vorhandene URL auf die genannten Kriterien abzuändern, ist jedoch nur bedingt zu empfehlen, da du zunächst mit negativen Veränderungen in der SERPs rechnen musst. Zudem gibt es keine Garantie dafür, dass eine Änderung der URL-Struktur auf jeden Fall einen positiven Effekt für das Google Ranking mit sich bringt. Bei der Erstellung einer neuen URL solltest du meine 5 Tipps jedoch beherzigen. Achte auf eine nutzer- und suchmaschinenfreundliche URL, die leicht lesbar und vor allem nicht zu lang ist. Versuche Sonderzeichen und Füllwörter zu vermeiden und setze stattdessen auf Keywords, um dem Nutzer einen direkten Überblick über den Inhalt deiner Website zu geben. Auf technischer Seite solltest du darauf achten, dass alle Seiten unter genau einer URL erreichbar sind und kein Duplicate Content z. B. durch Trailing Slashs, eine dynamische URL oder durch Groß- und Kleinschreibung entsteht.

## 2   Die externen Links

Wenn man von SEO spricht, denken die meisten immer direkt an externe Links, die das eigene Ranking positiv beeinflussen. Diese Tatsache ist auch absolut richtig und sollte hoffentlich für niemanden eine wirkliche neue Information sein. Allerdings ist es recht schwer, für kommerzielle Inhalte Links aufzubauen.

Daher solltest du dich primär auf Inhalte konzentrieren, die rein informierende oder unterhaltende Inhalte beinhalten. Sinnvoll wäre es daher, diese auf separaten Unterseiten der eigenen Domain anzulegen. Von diesen separaten Unterseiten kannst du dann interne Links nutzen, um deine kommerziellen Inhalte SEO-technisch zu unterstützen.

Zudem bietet es sich immer an, die Links der Konkurrenz zu analysieren und eventuell nachzubauen. Zudem solltest du bemüht sein, möglichst viele Gastartikel auf anderen Websites und Plattformen zu veröffentlichen und generell deine Pressearbeit nicht schleifen lassen.

## 3   Die internen Links

Nicht nur externe Links wirken sich positiv auf dein SEO-Ranking aus. Auch die internen Links können dir einen wahren Boost in Punkto SEO-Ranking verschaffen. Dazu solltest du aber ein paar Regeln beachten, damit sich deine internen Links auch wirklich positiv auswirken können:

- Verlinke deine Unterseiten mit möglichst vielen anderen Unterseiten deiner Domain.

- Verlinke deine Unterseiten aus dem Text (Content) heraus und nicht aus der Navigation wie beispielsweise dem Footer oder ähnliches.

- Verlinke deine Unterseiten stets mit dem Ankertext, zu dem die Website gefunden werden soll. Denn so zeigst du Google ein eindeutiges Signal.

Ein sehr gutes Beispiel, wie eine optimale interne Linksstruktur aussehen kann, ist beispielsweise Wikipedia. Daher unser Tipp: Guck doch einfach auf Wikipedia und lese dir ein, zwei Artikel ganz genau durch und analysiere die interne Linksstruktur.

## 4   Finde die richtigen Keywords

Die Zeiten, in denen man auf das eine Keyword hinoptimierte, sind vorbei. Denn Google beherrscht seit der Einführung des Hummingbird Updates 2013 die semantische Suche. Das ist keine Neuigkeit, aber nach wie vor relevant, wenn es darum geht, die richtigen Schlüsselworte zu finden, um wiederum über Google gefunden zu werden – was nicht so einfach ist.

Semantische Suche bedeutet nämlich, dass nicht nur ein einzelnes Wort oder eine Wortkombination gesucht wird. Stattdessen wird auch der Kontext beachtet. Wie auch auf einer Google Performance Summit erneut betont wurde, liegt Google viel daran, Absicht und Kontext hinter den Suchanfragen zu berücksichtigen. Nur so können den Usern für sie relevante Ergebnisse und für sie interessante Werbeanzeigen angezeigt werden. Wenn Nutzer nämlich eine Suchanfrage starten, wollen sie in der Regel eins von drei Dingen:

- einen bestimmten Ort (und den Weg dorthin) finden
- etwas kaufen
- etwas wissen

Bei Anfragen der Typen transaktional („kaufen wollen") und informational („wissen wollen") kommt die semantische Suche ins Spiel. Mit ihr kann Google anhand der Informationen, die es bereits über den User hat, den Kontext bestimmen und dann Seiten nach den richtigen Inhalten durchsuchen. Da ein Keyword nicht unbedingt Aufschluss darüber gibt, ob zum Thema informiert oder entsprechende kommerzielle Angebote gemacht werden, wird dabei mit Hintergrundwissen und mit dem Keyword assoziierten Begriffen gearbeitet. Der Algorithmus versucht so, sich in Bezug auf Sprache ähnlich zu verhalten wie das menschliche Hirn. Schnell und präzise sollte er, so seine Schöpfer, dabei arbeiten – wie ein Kolibri – englisch Hummingbird – der mit 50 Flügelschlägen pro Sekunde zielgenau von Nektarquelle zu Nektarquelle schwirrt.

Natürlich hat die Keyword-Dichte Einfluss auf das Ranking. Der ideale Wert ist allerdings ein Schätzwert. Vor Hummingbird wurde immer wieder empfohlen, über eine hohe Keyword-Dichte ein gutes Ranking zu erzielen. Das Ergebnis waren Websites und Texte, die an akutem Keyword-Stuffing-Syndrom litten:

Keyword-Anhäufungen mit wenig Mehrwert, denen fast sofort anzusehen war, dass sie für die Suchmaschine und nicht für die User geschrieben worden waren.

*Wir verkaufen individuelle Humidore für Zigarren. Unsere individuellen Humidore für Zigarren sind handgemacht. Wenn Sie einen individuellen Humidor für Zigarren kaufen möchten, wenden Sie sich an unsere Spezialisten für individuelle Humidore für Zigarren unter individuelle.humidore.zigarren@example.com*

*Das von Google im Leitfaden gelieferte Negativbeispiel zeigt einen typischen mit Keywords überfrachteten Text.    Quelle: Screenshot*

Sowas wirkt heute nur noch „spamy" und aggressiv. Schlimmer noch, wer sich die Mühe macht, das Keyword möglichst oft in einem Text unterzubringen, wird von Suchmaschinen abgestraft. In seinem Leitfaden rät Google deshalb explizit von Content mit zu vielen Schlagworten ab.

**Die folgenden Tipps helfen dir, einen passenden Satz Schlüsselworte zu ermitteln:**

Dass das Diktat des einen Keywords nicht mehr existiert heißt nicht, dass du kein Haupt-Keyword brauchst. Dieses Haupt-Keyword bildet jedoch nur ein Standbein bei der Suchmaschinenoptimierung. Das andere Standbein besteht aus deinen Neben-Keywords, bei denen es sich um sinnverwandte Begriffe handelt. Du kannst dich hier weiter fassen als beim Haupt-Keyword oder ins Detail gehen. Nehmen wir an, dass dein Haupt-Keyword „Aalaufzug" lautet. Dann wären mögliche Neben-Keywords hier „Fischlift" oder „Aalaufzug selbst bauen".

a. **User First**

Eigentlich haben du und Google das gleiche Ziel: Ihr wollt die User erreichen und ihnen geben, wonach sie suchen. Frage dich dementsprechend zunächst: Was für eine Art von Website will ich optimieren? Und mit welcher Motivation geben User das Keyword ein, das sie zu mir führt? „Aalaufzug selbst bauen" würde, um beim Beispiel zu bleiben, besser zu einer informationalen Suche passen. „Aalaufzug Erfahrung" wäre eher ein Keyword für einen Blog-Eintrag und „Aalaufzug mieten" würde zu einer transaktionalen Suche passen.

Darüber hinaus sind die von Google Suggest unter dem Suchfenster vorgeschlagenen verwandten Begriffe ein guter Hinweis darauf, was User in diesem Kontext suchen.

b. **Spezifisch ist besser**

Das Problem bei vielgesuchten Begriffen ist auch, dass sie oft zu unspezifisch sind. Wer nach Aalen googelt interessiert sich vielleicht gar nicht für Aalaufzüge, so dass es bei näherem Hinsehen gar nicht mehr erstrebenswert ist für „Aal" ein hohes Ranking zu erzielen. Durch spezifische Suchkombinationen wiederum kommst du nicht nur Nutzern entgegen. Du besetzt damit ganz spezifische Nischen. Hier geben die „verwandten Suchanfragen" potenziell nützliche Hinweise.

## c. The Long Tail

Hilfreich ist hier auch der Google AdWords Keyword Planner. Mit diesem Tool kannst du sehen, wie viele Suchanfragen durchschnittlich unter dem jeweiligen Keyword pro Monat anfallen. Werbeanzeigen zu stark gefragten Suchbegriffen über Google zu schalten kostet natürlich mehr. Gleichzeitig verrät dir der Keyword Planner auch, wo noch weniger umkämpfte Nischen sind. Er gibt dir somit konkrete Hinweise auf mögliche Longtail-Keywords. Mit Longtail-Keywords sind hier Begriffskombinationen gemeint, die seltener gesucht, aber dafür auch seltener verwendet werden, so dass du hier mit weniger Mitbewerbern um die besten Plätze im Ranking buhlst. Diese entsprechen aber automatisch auch spezifischeren Anfragen.

Du kannst dich hinsichtlich dieser Longtail-Keywords auch an spezifischen Nutzeranfragen orientieren. Hier helfen dir W-Fragen-Tools, die es ab der Preisstufe „kostenlos" gibt. Kostenfrei ist zum Beispiel: www.w-fragen-tool.com

## d. Von der Konkurrenz lernen

Potenzielle Keywords erkennst du, wenn du dir die jeweiligen Suchergebnisse ansiehst. Ähnelt deine Seite denen, die es in der SERP (Search Engine Results Page), ganz nach oben geschafft haben? Werden überwiegend Infoangebote zum Thema angezeigt oder Shops? Siehst du eine Chance, es mit deinem Content in ein hohes Ranking zu schaffen? Das sind Fragen, die dir bei der Auswahl deines Keyword Sets helfen können.

### e. Sammle Suchbegriffe mit System

Eine Excel-Tabelle hilft dir, die gefundenen Suchbegriffe zu sortieren. Für die Auswahl wichtig sind die Dimensionen: „Menge der Suchanfragen", „Verwendung Haupt- oder Neben-Keyword", „Herkunft" und „Verwendung". Synonyme, Longtail-Keywords und verwandte Begriffe können weitere Spalten füllen. Wichtig ist nur, dass du den Überblick behältst und am Ende Aussagen zur Qualität der von dir ermittelten Keywords machen kannst, um dich für die Erfolgversprechendsten zu entscheiden.

## ➕ Fazit:

Das Hummingbird Update hat die Suchmaschinenoptimierung komplexer gemacht. Es erhöht aber auch die Chance, dass hochwertiger Content belohnt wird und macht es lohnenswert, auch die mit dem Haupt-Keyword verwandten Suchbegriffe abzudecken. Diese zu finden kostet ein wenig Geduld, weil du nicht nur auf das Suchvolumen deines einen Keywords achten, sondern nach Möglichkeit den gesamten Suchkontext überblicken musst. Die Tools, die Google und andere zur Verfügung stellen, können dir jedoch die Suche nach den richtigen Worten erleichtern. Bedenke dabei immer, dass Google und den User mit seinen ganz spezifischen Wünschen glücklich zu machen nun nicht mehr zwingend zwei unterschiedliche Aufgaben sind.

## 5  Dein Website-Speed

Die Ladezeit einer Website ist laut offizieller Bestätigung von Google einer der entscheidenden Ranking-Faktoren. Durch eine bessere Ladezeit einer Website kann einerseits der Google Bot schneller durch eine Website „fliegen", andererseits sorgt eine schnelle Website aber auch für eine bessere Wahrnehmung beim User.

Zudem haben „die Großen" wie Amazon, Firefox und Co. durch diverse Tests bewiesen, dass durch eine bessere Ladezeit die Conversion-Rate deutlich nach oben schnellt. Somit ist vom Website-Speed auch direkt der Umsatz deines Business betroffen.

Mit diesen Schritten kannst du jetzt dein Website-Speed verbessern und so direkt davon profitieren – alternativ gibt es aber auch kostenpflichtige Plugins, die viele dieser Schritte selbstständig ausführen und so automatisch deinen Website-Speed optimieren.

- Identifiziere deinen aktuellen Website-Speed mit dem Google PageSpeed Insights -Tool.

- Aktiviere mögliche Komprimierungsfunktionen für Javascript und CSS Dateien. Dies kannst du zum Beispiel mit Hilfe von CSS Minifier und Javascript Minifier durchführen.

- Aktivere das Browser Caching.

- Komprimiere deine verwendeten Bilder. Mit Hilfe des Google PageSpeed Chrome-Plugins kannst du eine von Google optimierte Version deiner Bilder herunterladen. PS: Funktioniert aber leider nur mit Google Chrome!

- Überwache deine Erfolge mit Hilfe des Google PageSpeed Insights-Tool.

## 6  Achte auf die Besuchszeiten

Seit dem Google Update „Panda" wird verstärkt auf die Besuchszeiten als Ranking-Faktor geachtet. Daher solltest du versuchen, die Besuchszeiten deiner User durch geschickte Interaktionen auf deiner Website zu erhöhen.

Sehr gut funktioniert dies zum Beispiel durch die Implementierung von Videos auf deiner Website. Der ganz große Vorteil: Du kannst quasi selbst bestimmen, wie hoch die Besuchszeit ausfallen soll. Zudem kannst du durch Videos ganz gezielt Call-To-Actions ausrufen, sodass User nach dem Video noch zu gewissen Handlungen aufgefordert werden.

Alternativ zum Video bieten sich aber auch noch andere Möglichkeiten wie Umfragen, Slideshows oder Ähnliches an, um so die Besuchszeiten zu erhöhen.

## 7 Nutze Social Media

Social-Media-Plattformen, insbesondere Facebook, nehmen weltweit einen immer höheren Stellenwert im Privatleben vieler Verbraucher ein. Unternehmen haben dies schon lange erkannt und nutzen diese Plattformen, um gezielt potenzielle Kunden anzusprechen. Es hat sich zudem herausgestellt, dass Unternehmer, welche regelmäßig Social Media nutzen, viel besser bei Suchmaschinen gelistet sind. Du solltest also unbedingt Social-Media-Plattformen als Instrument für dein Online Business nutzen. Dabei ist es besonders wichtig, das Ganze professionell anzugehen und Fehler zu vermeiden. Für Unternehmen gelten nämlich gesonderte Regeln, die für private Nutzer nicht wichtig sind.

Ein beliebter Fehler ist es, auf Social-Media-Plattformen einfach nur Werbebotschaften zu posten, anstatt den Leser mit konstruktivem und nützlichem Inhalt auf den Geschmack seiner Produkte zu bringen. Weiterhin könntest du eine Gruppe zu einem für dein Produkt geeigneten Thema gründen und kontinuierlich Mitglieder gezielt (!) einladen. Auch hier gilt, dass du die Gruppe nutzt, um nützlichen Content zu verbreiten, anstatt blind Werbung zu machen.

## 8 Überarbeite regelmäßig Deine Inhalte

Eine ganz einfache Frage: Glaubst du, dass deine Website Usern das beste Suchergebnis liefert? Gibt es wirklich keine besseren Alternativen? Würdest du selbst als erstes auf deiner eigenen Website mit der Recherche beginnen?

Die Gefahr bei der Beantwortung dieser Fragen ist eine subjektive Verzerrung – daher habe ich drei Fragen für dich parat, die dir dabei helfen können, deine Website objektiv bewerten zu können:

6.  Gucke in der Community nach den Fragestellungen der User. Kann deine Website diese Fragen hinreichend beziehungsweise am besten beantworten?

7. Ist deine Website für jeden potenziellen Anwendungsfall die optimale Lösung? Betrachte dazu deine Webseiten aus möglichst vielen verschiedenen Perspektiven. Frag am besten auch deine Freunde und Verwandte. Je mehr Blickwinkel, desto besser für dich!

8. Sind deine Texte anschaulich strukturiert? Besteht deine Website ausschließlich aus Texten oder verwendest du auch regelmäßig Fotos, Grafiken, Videos, etc.? Besonders wichtig dabei ist, dass die Fotos, Grafiken und Videos „Unique Content" sind und nicht auch zu jedem anderen Text passen könnten.

## 9 Mach deine Seite fit für die mobile Ära

Immer mehr Menschen sind von mobilen Endgeräten aus online. Diese Entwicklung lässt sich auf die Formel Mobile ≥ Desktop bringen. Wer die User erreichen will, muss allerspätestens jetzt seinen E-Shop, seinen Blog, seine Website für Aufrufe von Smartphone und Tablet aus fit machen. Mobile Optimized ist das Stichwort. Außerdem ist mobile Nutzerfreundlichkeit seit April 2015 auch ein Ranking-Faktor Googles. Es stellt daher auch ein Tool zur Verfügung, mit dem sich schnell prüfen lässt, ob eine Seite für Mobilgeräte optimiert ist.

Wenn du schon (längst) soweit bist, dann hast du alles richtig gemacht und gehörst nicht zur Zielgruppe des folgenden Abschnitts. Wenn nicht, erkläre ich dir hier, wie der Aufenthalt auf deiner Website auch für mobile Nutzer zu einem angenehmen Erlebnis wird.

Warum das Optimieren deiner Seite oder deines Online-Shops wichtig ist, lässt sich anhand des Worst-Case-Szenarios deutlich machen. Ich haben hierzu ein wenig Webarchäologie betrieben und eine Seite ausgegraben, die auf dem Stand der frühen 2000er Jahre stehen geblieben zu

*Quelle: Screenshot*

sein scheint. Eine Seite, auf der alles in niedriger Auflösung tanzt und blinkt. Dann habe ich sie mir über den in Chrome integrierten View- point-Emulator anzeigen lassen:

Stell dir nun vor, wir wollten darauf navigieren. Wir treffen mit einem Finger gleich mehrere Buttons und können auch die Aufschrift darauf nicht lesen, wir müssen heranzoomen, herumwischen usw. Um Usern genau diese Erfahrung zu ersparen, gibt es Responsive Design.

Aber auch Seiten, die auf den ersten Blick weniger wie Relikte aus dem letzten oder vorletzten Jahrzehnt wirken, ignorieren Responsive Design noch vereinzelt. Dass keine Optimierung für mobile Endgeräte stattgefunden hat, verraten einem auch Anmeldefenster zum ranzoomen und ärgern. Zu kleine, zu nah beieinander liegende Buttons, die für die Finger eigentlich zu dick sind, machen auch etwa soviel Freude wie Miniaturenmalerei mit dem Farbroller.

**Diese 3 Merkmale machen eine Mobile-Optimized-Website aus:**

1. **Responsive Design**

   „Mobile Optimized" ist nicht gleichbedeutend mit „Responsive Design", aber ohne Responsive Design ist mobile Optimierung nur möglich, wenn du mit einer mobilen Version deiner Seite arbeitest, du also im Grunde zwei Websites unterhältst: meine-seite.de und m.meine-seite.de. Wenn die Seite so angezeigt wird, dass man nach unten scrollen muss, um mehr zu sehen, ist eigentlich alles in Ordnung. Sobald man seitwärts scrollt, kann von mobiler Nutzerfreundlichkeit nicht mehr die Rede sein. Das sollte bei der mobilen Version deiner Seite Standard sein, bei einer Responsive-Mobile-Optimized-Seite ordnen sich die Inhalte automatisch möglichst nutzerfreundlich an. Hier lässt es sich auch einrichten, dass Buttons und Anmeldefenster in ausreichender Größe angezeigt werden.

2. **Schnelle Ladezeiten**

   Begrenztes Datenvolumen und ein Schirm, der nach kurzer

Zeit in den Ruhemodus schaltet, wenn er nicht berührt wird – wenn die Seite da zu lange lädt, verabschiedet sich der mobile Nutzer mit hoher Wahrscheinlichkeit. Außerdem ist die Ladezeit ein weiterer Google Ranking-Faktor. Daher gibt es auch hier -unter anderem- ein Tool aus dem Hause Google, das dir auch gleich sagt, was du verbessern solltest.

3. **Alle Inhalte sind mobil abrufbar**

Es kann unterschiedliche Gründe dafür geben, warum Elemente nicht angezeigt werden, aber es ist gut, nicht zu vergessen, dass der Safari-Browser und Flash in all den Jahren keine Freunde geworden sind. Flash-Elemente werden nicht angezeigt. Daher solltest du darüber nachdenken, statt Flash-Animationen auf HTML5 zu setzen. Wenn du Videos einbettest, solltest du darauf achten, dass sie von allen Endgeräten aus zugänglich sind.

Eine Seite, die diese 3 Merkmale aufweist, kann vom User ohne Weiteres und problemlos aufgerufen, angesehen, gelesen und zwecks weiterer Interaktion angetippt werden.

**Was nun wenn deine Seite nicht Mobile Optimized ist und du nicht programmieren kannst?**

Das kommt darauf an, ob du statt selbst zu programmieren mit vorgefertigten Themes für dein jeweiliges Content-Management-System arbeitest oder aber einen Webentwickler eine für mobile Geräte optimierte Website für dich programmieren lässt.

- **Die Website aus dem Baukasten für Mobilgeräte optimieren:**

  Wenn deine Seite über WordPress läuft, musst du nicht coden können, um sie für Mobilgeräte zu optimieren. Es gibt eine Vielzahl von Themes, die responsive sind. Solche freien, Responsive Themes findest du unter anderem hier. Und auch für Joomla sind Responsive Themes kostenlos erhältlich. Auch diverse Plugins helfen dir, deine WordPress-Seite responsive zu gestalten. Bilder kannst du zum Beispiel mit RICG optimieren. Das Menü kannst du mit dem Plugin Responsive Menu dazu bringen, sich dem jeweiligen Endgerät anzupassen. Es ist nach seiner Hauptfunktion benannt, erlaubt dir jedoch auch, die Buttons selbst zu modifizieren. Im Hinblick auf für mobile Nutzer optimierte Formulare kannst du unter anderem mit den Plugins Contract Form 7 oder Gravity Forms arbeiten. Responsive Social-Sharing-Plugins sind ebenfalls verfügbar. Eines davon ist zum Beispiel Monarch, ein anderes das Fixed WordPress-Social-Share-Buttons-Plugin. Wenn du bestimmte Funktionen für bestimmte Endgeräte deaktivieren möchtest, dann ist das Mobble-Plugin eine nützliche Ergänzung.

- **Die maßgeschneiderte Website vom Webentwickler:**

  Wenn du nun eine/n Webentwickler/in mit Knowhow und Erfahrung im Bereich Mobile Optimization eingestellt hast, um dir eine für die Mobile-First-World taugliche Webpräsenz aufzubauen, stellen sich ganz andere Fragen als die nach den benötigten Plugins. Und auch wenn du nicht selbst programmierst, heißt das nicht, dass du das Ergebnis nicht noch einmal kontrollierst.

Der Vollständigkeit halber sei hier die Option, zusätzlich zur mobilen Version deiner Seite, eine eigene App entwickeln zu lassen, genannt. Da dies aber teuer ist und sich nur dann lohnt, wenn du einen Dienst anbietest, der viel Interaktion erfordert oder aus irgendeinem Grund auch an eine Offline-Nutzung denkst, werde ich an dieser Stelle nicht weiter darauf eingehen. Hinzu kommt, dass SEO dir bei einer eigenen App nicht hilft, um vorwärts zu kommen und dass die Wahrscheinlichkeit nach wie vor hoch ist, dass deine Seite vom Webbrowser aus aufgerufen werden wird.

### Mobile Version der Seite oder Responsive Website?

Wenn du dich für eine mobile Version deiner Website entscheidest, hast du am Ende im Grunde zwei unterschiedliche Seiten. Das macht natürlich doppelte Arbeit: Doppelte Programmierarbeit, doppelte Layout-Pflegearbeit. Andererseits kann die mobile Version passgenau auf die Bedürfnisse mobiler User zugeschnitten werden. Und da sie vom Datenvolumen her schlank ist, lädt sie schnell. Und wenn du auf deiner Seite für den Desktop-Gebrauch auf jeden Fall mit Flash-Animationen und Pop-ups arbeiten willst, dann kannst du das tun, ohne zu befürchten, dass mobile Nutzer dir abspringen werden.

Mit einer Responsive Website sparst du Zeit und Geld. Gleichzeitig kann es aber passieren, dass deine Inhalte auf dem Smartphone-Schirm zu einer unendlich scrollbaren Säule werden. Das ist immer noch besser als seitlich scrollen zu müssen, aber die Aufmerksamkeitsspanne der Generation Smartphone ist so begrenzt wie ihre Zeit. Größere Navigationsmenüs und längere Ladezeiten können ebenfalls ein Nachteil sein. Ein Vorteil ist allerdings, dass der Nutzer bei einer guten Responsive Website unabhängig vom Gerät immer den Eindruck hat, dasselbe vor sich zu haben. Ein noch größerer Vorteil ist, dass du nicht nur eine Seite für mobile Endgeräte optimierst, sondern dieselbe Seite auch für Suchmaschinen.

Aber ganz gleich, ob du dich für eine Mobile oder eine Responsive Website entschieden hast, diese 3 Tipps helfen dir, zu einem für mobile Nutzer zufriedenstellenden Ergebnis zu gelangen:

- **Form follows function:**

  Du solltest deinem Entwickler im Vorfeld auf jeden Fall mitteilen, auf welche Funktionen es ankommt, damit er oder sie das Design entsprechend anpassen kann. Welche sind die am häufigsten genutzten Funktionen auf der Website? Auf die kommt es an.

- **Behalte den Überblick:**

  Lass dir Webanalyse-Tools installieren. Du willst auf jeden Fall einen Überblick darüber haben, wer, wann, von wo aus auf deine Seite zugreift, um diese weiter optimieren zu können und passenden Content online zu stellen.

- **Nach der Arbeit ist vor der Arbeit:**

  Deine Website ist nicht fertig, wenn sie fertig ist. Dein Analyse-Tool sagt dir schließlich, wo noch Verbesserungsmöglichkeiten bestehen. Nach Möglichkeit hast du daher einen Vertrag mit deinem Entwickler geschlossen, der besagt, dass nach dem Start noch Verbesserungen vorgenommen werden.

## ➕ Fazit:

Wenn deine Seite oder dein Shop von allen Endgeräten aus abrufbar und dabei immer einfach zu bedienen ist, bist du fit für die Mobile-First-World. An einer für Mobilgeräte optimierten Website führt eigentlich kein Weg mehr vorbei. Es führen allerdings mehrere Wege dorthin: Selbst bauen, bauen lassen, mobile Version, responsive Version – die Wahl liegt bei dir.

## OffPage-Optimierung: Wie du die Sichtbarkeit deiner Website verbessern kannst

Bei der OffPage-Optimierung geht es um Maßnahmen, die du mit den Inhalten deiner Website und deinem Verhalten bei internen und externen Verlinkungen etc. nicht beeinflussen kannst. Hier geht es darum, wie deine Website außerhalb zu finden ist und dort verlinkt ist und welche Sichtbarkeit diese dort hat.

### Backlinks

Backlinks sind z. B. Verlinkungen auf deiner Website, die wiederum auf eine fremde Website verweisen. Wenn du z. B. einen Blog-Artikel auf deiner Website (www.aaa.de) verfasst und dort auf eine andere Website (www.bbb.de) verweist, die auch zu diesem Thema passt, so hast du einen Backlink auf die Seite www.bbb.de gesetzt.

Doch es nützt dir natürlich nur dann am meisten, wenn sehr viele Backlinks auf deine eigene Website verweisen – und zwar am besten von den Seiten, die selbst ein hohes Ranking bei Google besitzen. Google interpretiert dies nämlich so, dass der Link, der auf einer beliebten Seite gesetzt wird, dementsprechend auch beliebt sein muss. Dies führt wiederum zu einer erhöhten Link-Popularität. Sorge du also dafür, dass möglichst viele bekannte Websites auf deine eigene verweisen.

Hier sollte auch das Stichwort „virales Marketing" fallen. Wenn du ein innovatives Produkt oder eine sensationelle Geschäftsidee hast, kannst du sicher sein, dass viele Blogs über dieses Produkt/

diese Idee berichten werden. Auch bei Facebook & Co. wird so etwas gerne verbreitet, ohne dass du aktiv Marketing betreiben musst.

Leider bleibt virales Marketing die Ausnahme für die meisten Unternehmer. Du solltest dich deshalb aktiv um die Generierung von Backlinks kümmern.

## Linkbaits

Hochwertige Backlinks sind für die eigene Website zur Suchmaschinenoptimierung pures Gold wert, aber kommen dabei nicht an Link-fördernden Inhalten, so genannten Linkbaits, vorbei. Dabei lassen sich verschiedene Arten von Linkbaits kategorisieren, die unterschiedlich viel Potenzial haben.

Bei Linkbaits handelt es sich um einen Inhalt oder ein Tool um Verlinkungen und Social-Media-Verbreitung zu erzielen und damit dafür zu sorgen, dass mehr Menschen auf die eigene Website aufmerksam werden und sie aufrufen.

Um seiner Website eine gute Position in den Suchmaschinen zu verschaffen, ist heutzutage top-aktueller und interessanter Content unverzichtbar. Durch den immer weiter ansteigenden Wettbewerb im Internet-Business und der daraus folgenden Informationsflut, trennt sich beim Content schnell die Spreu vom Weizen.

Weniger aufschlussreiche und kommerziell ausgerichtete Inhalte erzeugen bei den Internet-Usern geringe Aufmerksamkeit und führen zu weniger Verlinkungen. Im Gegensatz dazu erzeugt provokanter und top-aktueller Content ein Grundinteresse bei der Zielgruppe um Blogger, Magazine und Themenportale, denn solcher lockt auch deine Leser. Es besteht jedoch immer das Risiko, dass durch die einseitige Nutzung eines spezifischen Linkbaits, unnatürliche, ebenso einseitige Verlinkungsmuster entstehen. Solche Muster werden von Google abgestraft. Zugleich reagiert Google auch, wenn Link-Building per Einbindungs-Codes erzeugt wird. Diese erkennt Google nämlich, akzeptiert sie aber nur bis zu einem bisher unbekannten Grad.

Daher müssen Anwender dieser Einbindungs-Codes zuvor abwägen, welche ihnen den größten Nährwert schaffen unter dem allgemeinen SEO-Verbreitungspotenzial durch diese Form der Linkbaits.

**Verschiedene Arten von Linkbait:**

- **Artikel-Linkbait:**

  Hierbei handelt es sich um einen attraktiven und zugleich hochwertigen Artikel, der auf einer Website veröffentlicht wird, um der Zielgruppe einen Anreiz zur Verlinkung zu verschaffen. Gestalten lässt sich so ein Artikel als E-Book, Top-100-Liste oder in Form eines Ratgeberartikels.

- **Video-Linkbait:**

  Durch ein Video soll für eine ausgewählte Zielgruppe informativer und ästhetischer Mehrwert geschaffen werden. Es wird über einen Einbindungs-Code, in dem sich ein Backlink zur Quellseite befindet, integriert. Dies erfolgt meist über Blogs und Themenportale. Das Video-Linkbait bringt zwei große Vorteile mit sich, zum einen birgt es ein enormes SEO-Potenzial und zum anderen auch ein ebenso starkes Potenzial für Social-Media-Marketing. Die Kettenwirkung durch das Social-Media-Marketing macht sich dadurch bemerkbar, dass durch zahlreiche Views nicht nur Shares und Links erzeugt werden, sondern auch Traffic für die Quellseite.

- **Widget:**

  Ein Widget ist eine kleine Anwendung, die häufig nur Information darstellt und in eine Vielzahl von Websites eingebunden wird. Vor geraumer Zeit fungierten Widgets als primäres Linkbait-Tool und wurden oft mit Gewinnspielen kombiniert. Inzwischen aber nimmt die Verwendung dieser stetig ab, denn immer häufiger werden minderwertige Websites angezogen, welche alles andere als einen positiven Effekt auf das Link-Building der Website haben und den Lesern ein unseriöses Erscheinungsbild der eigenen Website vermitteln lassen.

- **OnPage-Tools:**

  Die wohl bekanntesten OnPage-Tools, worauf die meisten

Internet-User mal aufmerksam geworden sind oder die auch mal gezielt gesucht werden, sind Währungsrechner auf Finanzseiten oder Meilen-Kilometer-Rechner auf KFZ-Websites. Diese eigentlich sehr einfachen Tools liefern den Anwendern einen hohen Mehrwert und sorgen dafür, dass dieses auf natürlichem Wege Links erhalten und darüber das Link-Building auf ebenso natürliche Art ausbauen und verbessern.

## ➕ Fazit:

Abschließend kann man sagen, dass Linkbaits ein sehr umfangreiches (zeitintensives) aber zugleich auch sehr lohnenswertes Mittel sind, um die Suchmaschinenoptimierung voran zu treiben. Auf der einen Seite steht die Arbeit, z. B. Artikel zu verfassen, die sich durch einen hohen Mehrwert für die Leser auszeichnen, und deshalb nicht einfach in kürzester Zeit herunter geschrieben werden können. Auf der anderen Seite hingegen stellt diese Methode eine mehr als effektive Art der SEO-Strategie dar.

Artikel-Linkbaits zeichnen sich hierbei durch einen etwas höheren Aufwand bei gleichzeitig geringem SEO-Risiko aus. Einen wirklich hohen Arbeitsaufwand erfordern Video-Linkbaits, die aber durch den höheren Aufwand zugleich auch einen höheren Mehrwert für Zielgruppe, Leser und Website liefern. Sie tragen daher stark zum Branding bei.

## 14 Tools, die bei der Suchmaschinenoptimierung nützlich sein können

## 1   SISTRIX Smart

Dieses kostenlose Tool liefert dir eine professionelle SEO-Analyse deiner Website und wurde in der Vergangenheit schon oft als „Bestes SEO-Tool" ausgezeichnet.

Das Besondere beziehungsweise das Neue an SISTRIX Smart ist, dass es die Toolbox jetzt auch als kostenlose Variante für SEO-Einsteiger gibt.

**Welche Funktionen hat SISTRIX Smart?**

SISTRIX Smart ist, auch in der kostenlosen Einsteigerversion, ein sehr vielschichtiges Tool. So gliedert sich die Toolbar in die Kategorien Übersicht, Website-Check, Rankings, Wettbewerb, Erreichbarkeit und Einstellungen.

Wählst du jetzt den „Übersichts-Button", so kannst du hier gleich von Anfang an einsehen, was aus SEO-technischer Sicht gut oder was weniger gut für deine Website ist. Primär hat allerdings diese Übersichtsfunktion nur die Aufgabe, dir einen kleinen Überblick über die einzelnen Analyse-Tools zu geben:

- **Website-Check:**

  Richtig spannend wird es, wenn du den Button „Website-Check" betätigst. Hier zeigt dir SISTRIX Smart in detaillierter Form auf, wo es Probleme gibt und was du noch verbessern kannst, um das Maximum an „SEO-Qualität" aus deiner Website zu holen. Dabei kategorisiert das Tool in 3 Stärken beziehungsweise Farben: Rot = Korrekturbedarf; Gelb = Sollte verbessert und in Zukunft vermieden werden; Blau = fast perfekt, nur kleine Verbesserungsvorschläge. Allerdings belässt es SISTRIX Smart nicht nur bei dem Aufzeigen der Fehler, nein, das Tool zeigt dir auch bei detaillierter Betrachtung die Verbesserungsvorschläge, die du dann nur noch in die Tat umsetzten musst.

- **Rankings:**

  Unter dem Button „Rankings" kannst du einsehen, wie viele deiner Keywords an Rang gewonnen haben, wie viele gleich geblieben sind und wie viele an Rang verloren haben. Diese Funktion ist besonders nützlich für die Ausrichtung und das „Pushen" deiner ausgewählten Keywords. Dadurch kannst du versuchen, für nahezu jedes Keyword das gleiche Wachstum zu erlangen (z. B. durch die Vergabe bei Blog-Artikeln etc.)

- **Wettbewerb:**

  Unter dieser Rubrik kannst du sehen, wie deine Website im Vergleich zu der Website deiner Konkurrenten abschneidet.

Für diesen Vergleich ist es aber zuvor wichtig, dass du unter dem Button „Einstellungen" die Websites deiner Konkurrenten angibst, damit das Tool diese ebenfalls auswerten kann. Hast du dies getan, so liefert dir SISTRIX hier Kennzahlen für die persönliche Sichtbarkeit der angegebenen Seiten, die Anzahl der eingehenden Links, die Anzahl verlinkender Domains, die Anzahl verlinkender Hosts, etc. Dadurch bekommst du sehr schnell einen Überblick, wo deiner Website im Vergleich mit den Websites deiner Konkurrenz noch Nachholbedarf hat.

## ➕ Fazit:

Du siehst also schon anhand dieser kleinen Vorstellung der verschiedenen Möglichkeiten, die dir die kostenlose Basisversion von SISTRIX Smart liefert, wie detailliert und komplex das Tool arbeitet. Aus diesen kostenlosen Informationen musst du jetzt nur noch die richtigen Schlüsse ziehen, um somit deine Website aus SEO-technischer Sicht weiter voran zu bringen.

## 2 Neue Tool-Alternativen zu Google PageRank

Nach langem Dahinsiechen und alles andere als überraschend ging der Google PageRank von uns und verschwand aus der Google Toolbar. Ich mochte ihn und verwies gern auf ihn, denn mit dieser Größe ließ sich die Relevanz von Seiten auf einer Skala von 1 bis 10, visualisiert mit einem kleinen grünen Balken, ausdrücken. Je mehr Grün damals im Balken zu sehen war, desto besser schnitt die Seite im Ranking ab. Beurteilt wurde dabei vor allem ihre Verlinkungsstruktur im Netz. Eine Seite, die mit viel verlinkten, beliebten Seiten verknüpft war, erzielte einen besseren Wert. Mit dem PageRank war es daher einfach, sein Link-Profil zu pflegen. Man musste nur auf Backlinks von den richtigen Seiten setzen. Gleichzeitig hatte man einen Richtwert zur Hand, um die Qualität der eigenen Website im Auge zu behalten.

Wer jetzt auf einem der zahlreichen PageRank-Checker online den Wert einer bestimmten Seite in Erfahrung bringen will, wird wahrscheinlich einen Wert von 0 ermitteln. Was bisher ein Hinweis darauf war, dass etwas ganz und gar nicht stimmte, ist nun ein sicheres Zeichen dafür, dass der PageRank ein Wert von vorgestern ist. Aber wir wollen natürlich immer noch brauchbare Backlinks und wissen, wie unsere eigenen Seiten abschneiden.

**Welche Alternativen zu Google PageRank gibt es also?**

- **Alexa Rank**

  Die Amazon-Tochter Alexa hat ihr eigenes Ranking entwickelt. Die globalen und nationalen Top-500-Seiten sind auf ihrer Website einsehbar und auch die Eckdaten zu einzelnen Seiten lassen sich dort checken. Entscheidend ist dabei der jeweilige Traffic im Vergleich zu dem auf anderen Seiten. Alexa bietet darüber hinaus ein eigenes Analyse-Tool in drei unterschiedlichen Preis- und Leistungsklassen an. Kunden können ihren Alexa Rank auch anzeigen lassen, um ihre Seite mit einem Qualitätssiegel zu schmücken. Einem fragwürdigen allerdings, denn dadurch dass sich die Kennzahl aus dem Vergleich mit anderen Seiten ergibt, kann es sein, dass Rankings trotz steigender Besucherzahlen sinken, wenn andere Seiten im selben Zeitraum viel mehr neue Besucher verzeichnen als man selbst. Zudem sind die Zahlen als solche nur bedingt repräsentativ.

- **MozBar: Page Authority, Domain Authority**

  Die SEO-Experten des US-amerikanischen Digitalunternehmens Moz haben eine eigene Toolbar entwickelt, die MozBar. Diese soll Usern bei der Suchmaschinenoptimierung helfen. Statt mit dem PageRank wird hier mit Page und Domain Authority, kurz PA und DA gearbeitet. Moz arbeitet hier mit eigenen Algorithmen und bezieht sowohl das Link-Profil, als auch Werte zur Vertrauenswürdigkeit und Popularität der beteiligten Seiten mit ein. Page Authority bezieht sich dabei auf die jeweilige aufgerufene (Unter-)Seite. Domain Authority ist der Wert, der der Domain beigemessen wird. Ähnlich wie der Google PageRank werden die Werte als Balken angezeigt. Diese unterscheiden sich jedoch nicht nur farblich, sondern auch durch größere Genauigkeit: Es wird nicht mehr zwischen 1 und 10 gerankt, sondern von 1 bis 100. Die MozBar gibt es in einer kostenlosen und in einer Premiumvariante.

- **Majestic: Trust Flow/ Citation Flow**

  Das Unternehmen und Web-Crawler-Projekt Majestic verfügt über eine der größten, kommerziellen Link-Datenbanken. Aus diesem Wissen schlägt Majestic durch ein vielfältiges Tool-Angebot Kapital. Zu diesem Angebot zählen auch ein Browser-Plugin und das „Link Profile Fight"-Tool, bei dem zwei Links graphisch miteinander verglichen werden können. Die Majestic-Dienste sind derzeit ab 39,99 € monatlich erhältlich. Link-Profile werden von Majestic mit den SEO-Kennzahlen Trust Flow und Citation Flow beschrieben. Der Trust Flow beschreibt die Nähe von Links zu vertrauenswürdigen Seiten. Wie bei Google wird Vertrauenswürdigkeit hier auch manuell festgelegt. Der Citation Flow wiederum ergibt sich aus der Zahl der Backlinks für die jeweilige URL.

- **LRT Power*Trust**

  Das Wiener Digitalunternehmen Link Research Tools hat, kurz nachdem der Penguin-Algorithmus in Betrieb genommen wurde, eine Erweiterung für Chrome und Firefox entwickelt, mit der sich die Google Toolbar ersetzen lassen soll. Diese Browser-Erweiterung operiert bei den besuchten Seiten mit den Größen „Power" und „Trust". Ähnlich wie bei der Lösung von Majestic bezieht sich „Power" hier auf das Link-Profil der jeweiligen Seite und „Trust" auf ihre Nähe zu als vertrauenswürdig eingestuften Adressen. Ähnlich wie Alexa führt LRT auch eine Liste der Top-500(0)-Websites, die in regelmäßigen Abständen aktualisiert wird.

## ➕ Zusammenfassend:

Der Google PageRank ist SEO-Geschichte und das ist auch richtig so, denn er ist nur eine von vielen Größen, die über die Wertung einer Website entscheiden. An ihm zeigt sich sehr gut, dass einfache Lösungen und simple Antworten in der Regel nur unzureichend sind. Und eigentlich war bereits als Google ankündigte, den PageRank nicht mehr upzudaten alles klar. Hält man sich vor Augen, dass Google bestrebt ist, Nutzern relevante Suchergebnisse zu präsentieren, leuchtet es auch völlig ein, dass Verlinkungen zu mächtigeren Domains nichts darüber aussagen, ob die entsprechende Seite für den Suchenden auch Mehrwert bietet.

Wer Kennzahlen sucht, die Seiten in Bezug auf ihre Qualität vergleichbar machen, wird bei unterschiedlichen Anbietern fündig. Ich habe hier eine Auswahl dieser Alternativen zum Page-Rank vorgestellt. Dabei wird noch einmal klar, dass allein das Link-Profil nicht als Qualitätskriterium ausreicht und eine Skala von 1 bis 10 eigentlich auch zu ungenau ist. Es gibt also keinen Grund, dem PageRank hinterherzutrauern.

## 3   Das Google Keyword-Tool

Häufig erreichen mich E-Mails von Kunden, die sich absolut unsicher sind, ob die Nische, in die sie gehen wollen, wirklich die richtige ist und ob sie hier auch genug Traffic generieren können, um ein rentables und erfolgreiches Internetunternehmen aufzubauen zu können.

Pauschal und ohne gründliche Recherche kann diese Frage niemand salopp beantworten, es sei denn derjenige ist schon in dieser Nische tätig – wie beispielsweise Gründer.de in der Internet-Marketing-Schiene. Daher möchte ich dir ein Tool vorstellen, welches dir deine Zweifel nehmen kann und von dem ich auch wirklich überzeugt bin. Die Rede ist vom „Google Keyword Planner"!

Dieses Keyword-Tool stammt, wie der Name schon sagt, aus dem Hause Google, der weltweit größten Suchmaschine im World Wide Web. Daher bedient sich der Keyword Planner einer riesigen Datenbank an gespeicherten Suchbegriffen von weltweiten Nutzern und listet dabei die ungefähre Anzahl an Nutzern, die nach diesem Begriff gesucht haben, auf und stellt sie kostenlos zur Verfügung. (Allerdings beziehen sich diese Datensätze nur auf die Suche über Google.)

**Doch wie nutze ich das Google Keyword-Tool richtig?**

Diese Frage ist hoch existenziell und wohl die wichtigste beim Gebrauch des Google Keyword-Tools.

Zunächst einmal musst du logischerweise die Website besuchen. Dort angekommen gibst du in das Feld „Wort oder Wörtergruppe" den von dir präferierten Suchbegriff ein – beispielsweise die Nische oder das Produkt, welches du über eine potenzielle Web-Nachfrage vertreiben willst. Wenn du ein Google-Konto hast, ersparst du dir an dieser Stelle das Eingeben eines lästigen Sicherheits-Codes – wenn nicht, dann musst du diesen leider eingeben, ansonsten stockt die Recherche schon hier.

Anschließend klickst du auf Suchen und du erhältst folgende Angaben:

Du erhältst hier Angaben zum Keyword, zum Wettbewerb und zu den monatlichen Suchanfragen. Diese werden von Google nochmals unterschieden in globale und lokale Suchanfragen, um noch besser differenzieren zu können.

- Keyword:

  In dieser Spalte bietet dir Google, neben dem von dir eingegebenen Keyword auch noch andere an, die in etwa etwas mit deinem ursprünglichen Keyword zu tun haben. Das Praktische an dieser Funktion ist, das du hier gleich mögliche Abwandlungen zu deiner eigentlichen Idee bekommen kannst und somit noch mehr potenzielle Suchanfragen für dich einnehmen kannst. Allerdings kannst du diese Funktion ganz links auf deinem Monitor noch verändern. So kannst du die angezeigten Keywords in die Rubriken „weitgehend", „exakt" und „Wortgruppe" unterteilen und dir somit einen noch differenzierteren Überblick über die Suchanfragen anzeigen lassen.

*Quelle: Screenshot*

**Thomas Klußmann**

- **Wettbewerb:**

  In dieser Spalte zeigt das Tool, wie hoch der Wettbewerb in der jeweiligen Nische ist. Hier gliedert Google in drei Kategorien, nämlich in hoch, mittel und niedrig. Optimal für dich wäre es natürlich, wenn der Wettbewerb niedrig ist, denn so kannst du dir relativ sicher sein, dass du dich in einer Nische befindest und nicht in einem heiß umkämpften Markt, in dem Wettbewerb und somit auch Tiefstpreise den Alltag bestimmen.

- **Suchanfragen:**

  Hier gibt Google dir einen ungefähren Wert der monatlichen Suchanfragen über die eigene Suchmaschine. Prinzipiell gilt: Je höher die Suchanfragen, umso besser ist es für dich, denn somit kannst du auch mit einer relativ hohen Traffic-Rate in deiner Nische rechnen. Allerdings musst du hier unbedingt beachten, welches Keyword du untersuchst. Hast du beispielsweise ein typisch deutsches Keyword wie „Gitarre", welches es in keiner anderen Sprache in komplett identischer Schreibweise gibt, so kannst du getrost auf die globalen Suchanfragen zurückgreifen, denn die Wahrscheinlichkeit, dass hier deutschsprachige Personen „gegooglet" haben, ist extrem hoch. Genau entgegengesetzt verhält es sich beispielsweise mit nicht-deutschen Begriffen wie Cookies. Cookies sind der englischen Sprache zuzuweisen und somit sind hier die globalen Suchanfragen nicht von Interesse. Hier interessieren uns lediglich die lokalen Suchanfragen.

## ⊕ Zusammenfassend:

Man kann also sagen, dass das Google Keyword-Tool gerade bei Gründung und Findung von Ideen und potenziellen Produkten extrem hilfreich sein kann, was die späteren Traffic-Zahlen und somit auch den späteren Verkauf angeht.

PS: Wenn du ein Google-Konto hast, dann bietet dir das Keyword-Tool noch weitere nützliche Sachen wie beispielsweise Informationen zu den CPC´s.

Probiere es also ruhig mal aus – es lohnt sich in jedem Fall.

# 4 Tool-Alternativen zum Google Keyword Planner

Richtet man den Blick auf den Weg einer Unternehmensgründung, wird einem klar, dass so gut wie keine seriöse Online-Gründung am Google Keyword Planner vorbei kommt. Und dies natürlich völlig zu Recht, angesichts der Tatsache, dass Google als primäre Anlaufstelle zur Informationsbeschaffung im Internet gilt und somit die größte Datensammlung bündelt. Was in dem Falle natürlich die beste Voraussetzung für eine Keyword-Analyse ist. Daher stützt sich der Großteil aller Online-Gründer auf die Analyseergebnisse des Keyword Planners.

Jedoch stünde eine weitaus breitere Informationsausgabe zur Verfügung – und das meist völlig kostenlos! Um dir zu zeigen, wie auch du deutlich mehr Informationen zu deinen Keywords erhältst, präsentiere ich dir 5 Tools, die sich als echte Alternativen zum Google Keyword Planner erweisen:

- **Kai Keyword-Tool**

  Beim Kai Keyword-Tool handelt es sich um die Weiterentwicklung des Long Tail Keyword-Tools. Dabei bedient es sich vornehmlich an den Daten von Google Suggest. Der große Vorteil bei dieser Anwendung liegt zum einen in der Schnelligkeit der Ergebnisauslieferung und zum anderen darin, dass die Ergebnisse in Formaten wie PDF, Excel, etc. gespeichert werden können.

- **Searchmetrics Keywords Research**

  Dieses Tool erweist sich als äußerst informativ, da selbst bei der kostenfreien Version dargestellt wird, wie sich das monatliche Suchverhalten zum Keyword verhält. Ebenso können auch hier wieder die Daten exportiert werden. Solltest du dich für einen kostenpflichtigen Account entscheiden, warten weitere interessante Features. Diese beinhalten eine noch tiefer greifende Datenermittlung.

- **Wikimindmap**

  Die Wikimindmap stellt eine völlig andere Alternative zur traditionellen Keyword-Suche dar. Hier wird anhand der Wikipedia in den jeweiligen Nationalsprachen-Datenbanken eine Mindmap erstellt. Diese enthält in Folge jene zusammenhängenden Wortbausteine, die sehr oft im entsprechenden Zusammenhang genutzt werden. Dadurch erhältst du die absolute Informationsbreite um dein gesuchtes Keyword herum. Aus Sicht von Unternehmensgründern ist dies eine äußerst attraktive Möglichkeit, seine Ideen und Umsetzungen nochmal genauer zu überdenken. Schließlich fehlt oft das Wissen darüber, welche Geschäftssegmente in unmittelbarer Verbindung zum eigenen Business stehen.

- **Google Trends**

*Quelle: Screenshot*

Google verfügt über eine vielseitige Tool-Palette. Und so überrascht es auch nicht, dass das ein oder andere ähnliche Informationen liefern kann. – Worauf ich hinaus will? Auf Google Trends! Wie es eigentlich schon durch den Namen verraten wird, informiert dich das Tool über die wichtigsten und vor allem neusten Trends im Internet. Natürlich hilft es keinem Online-Marketer wirklich weiter, wenn er weiß, dass verstärkt nach „Edward Snowden" gesucht wird. Doch auf den zweiten Blick offenbart sich dabei wieder einmal das Wichtigste: Du kannst nämlich auch mit Google Trends nach einem ganz bestimmten Keyword suchen. Dabei erhältst du zum einen die Informationen über das dazugehörige Suchverhalten in den letzten Monaten und zum anderen siehst du,

© gruender.de

wie in Abhängigkeit zur Region gesucht wird, also in welchem Land nach einem bestimmten Keyword gesucht wurde.

Bei meinem Beispiel verwendete ich „Harry Potter". Der Name ist natürlich so gut wie jedem Menschen dieser Welt ein Begriff – wie die weit verstreuten Suchanfragen bestätigen. Allerdings besteht für Gründer, die ein länderübergreifendes Business anstreben, die Möglichkeit, sich ein erstes Bild darüber zu verschaffen, ob nach dem Angebot auch überregional gesucht wird.

- **Das YouTube Keyword-Tool**

  Natürlich werden nicht nur klassische Suchmaschinen für die Informationsbeschaffung im Internet genutzt, sondern auch YouTube. Denn viele Nutzer möchten beispielsweise keine ellenlangen Texte lesen, sondern bevorzugen ganz klar ein lehrreiches Video. Erweitere also deine Suche. Das Manko ist hier allerdings, dass nur extrem nachgefragte Begriffe gelistet werden können und vermeintlich unbekanntere Keywords hier keine Ergebnisse aufweisen.

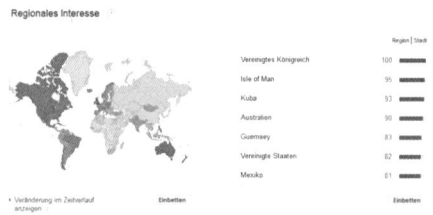

*Quelle: Screenshot*

# ➕ Fazit:

Der Google Keyword Planner ist die unangefochtene Nr. 1, wenn es um das Suchen und Analysieren von Keywords geht. Doch wie ich zeigen konnte, können und sollten sich Internetunternehmer auch Alternativen bedienen, um noch mehr Analyseinformationen zu erhalten. Denn der Erfolg eines Marketers besteht vor allem darin, den Markt und somit seine Kunden so gut wie möglich zu verstehen. Und das gelingt nur durch eine Fülle an relevanten Informationen.

# 5   Das LinkRisk-Tool

Laut Betreibern soll LinkRisk ein neues SEO-Tool sein, welches das einfachste und zugleich umfassendste Werkzeug sein soll, um eine mehrwerthaltige Analyse über das eigene Link-Profil zu erhalten.

Ein Versprechen, das große Hoffnung bei der Suchmaschinenoptimierung aufkommen lässt, aber auch Misstrauen um die versprochene Einfachheit weckt.

**Was steckt hinter diesem neuen Tool?**

Bei dem Tool handelt es sich um eine Online-Software, welche mit Hilfe eines eigens entwickelten Algorithmus den Linkwert berechnet. Genauer gesagt, soll der Linkwert mit Hilfe von – laut Herstellerangaben – 100 unabhängigen Metriken berechnet werden, welche zum Großteil aus Branchen-Standard-Metriken und restlich unbenannten Metriken bestehen.

Bei den Branchen-Standard-Metriken wurden sogar von einem Teammitglied zwei genauer benannt. Dabei handelt es sich zum einen um die in der URL verwendeten Begriffe und deren Aufbau. Zudem wurde offiziell kundgegeben, dass ein Backlink ausgehend von einer „.com-Domain" mit deutschem Inhalt auf eine „.de-Domain" als deutlich geringer riskant eingestuft wird, als z. B. ein Backlink ausgehend von einer „.cn-Domain" mit chinesischen Inhalten.

**Wie funktioniert das Tool?**

Zu Beginn der Analyse muss erst einmal das Backlink-Profil importiert werden. Zurzeit werden alle Dateien aus dem Majestic-SEO Site Explorer, Google-Webmaster-Tools, SEOmoz und AHrefs akzeptiert und an der Verarbeitung von XLS- und XLSX-Formaten wird noch weiter gearbeitet.

Die Auswertung und Risikoeinschätzung wird beim „LinkRisk Score" differenziert in sogenannten „Good Links", „Neutral Links", „Low Risk Links", „Bad Links" und „Suspect Links".

Diese Unterteilungen sollen es den Anwendern sofort ermöglichen, einen repräsentativen Blick über Ihr Link-Building zu erhalten und somit schneller auf mögliche Probleme zu reagieren.

**Auswertungsergebnisse:**

Die Auswertungen über das Link-Building erfolgen in interaktiven Grafiken und können bis zur Auflistung der einzelnen Links aufgefächert werden.

Die jedoch erste Anzeige eröffnet ein Kreisdiagramm, welches den ermittelten „Link Risk Score" in einem Intervall von 0 - 1.000 anzeigt und dabei eine Einstufung in eine von den oben benannten Risikoklassen anzeigt. Als leichte Kritik ist jedoch anzumerken, dass solche Tools immer eher drauf ausgelegt sind, Warnungen auszusprechen, anstatt einen einwandfreien Zustand zu bestätigen.

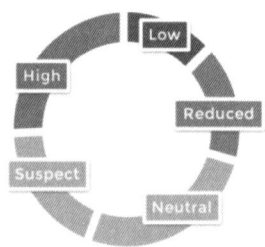

© *gruender.de*

Zudem sind bedauerlicherweise auch keine Filterkombinationen möglich, wie das „Bad Links" mit einem bestimmten Ankertexten, obwohl diese nochmal weitaus tiefergreifende Informationen ausgeben würden. Weiterführende Informationen zu verdichteten Daten sind dabei jedoch per Anforderung an den Anbieter möglich und wären dann über eine Mail als Download in PDF- oder CSV-Datei erhältlich.

**Kritischer Blick:**

Ein kritischer Blick bei Tools sollte natürlich immer vorhanden sein und dieser geht ganz klar auf das anzuwendende Bewertungsraster von LinkRisk, welches eigentlich dem von Google nachzuahmen versucht.

Doch da noch keine belastbaren Erfahrungswerte vorliegen, bleibt dessen erfolgreiche Bewertung und Zuverlässigkeit abzuwarten. Einen sehr intensiven Blick auf den LinkRisk zu werfen, erscheint für Suchmaschinenoptimierer jedoch unabdingbar!

Großes Manko ist jedoch, dass die Anwendung des Tools eine nicht gerade geringe finanzielle Aufwendung bedeutet, denn die Preise starten bei monatlichen Gebühren von 149 £ (ca. 170 €) für 250.000 Links und steigen bis zu monatlichen Kosten in Höhe von 1.199 £ (ca. 1.400 €) an.

Glück jedoch für die, die nicht über allzu viele Backlinks verfügen, da 150 Backlinks kostenlos analysiert werden können.

## 6  Der Open Site Explorer von Seomoz in neuer Version

Dieser ist ein effizientes Tool für die Analyse von Link-Strukturen. Überarbeitet und verbessert durch neue Tools, setzt Seomoz den Open Site Explorer gekonnt in Szene und lässt unter Gast-, Free-, oder Pro-Account ausführlich alle Backlink-Daten anzeigen. Geprägt durch einen äußerst umfangreichen Index an Websites, bietet der Open Site Explorer ein äußerst effektives und zugleich leicht bedienbares Tool, um Websites und deren Link-Strukturen zu analysieren und so einen wichtigen Mehrwert für SEO-Experten zu schaffen.

**Was ist neu am Open Site Explorer?**

Neben dem neuen Design können nun auch Informationen zu Shares und Likes auf Facebook, Tweets und Google+1 ermittelt werden. Mit „Advanced Reports" lassen sich zugleich komplexe Abfragen mit SQL formulieren. Einziger Wermutstropfen: Vor allem die neuen Anwendungsmöglichkeiten richten sich nach dem registrierten Account.

**Erste Analyseschritte:**

Zu Beginn des OS-Explorers steht die Eingabe deiner zu analysierenden Seite an erster Stelle. In wenigen Sekunden liefert dir der Index eine Analyse der gesuchten Website mit den umfassendsten Daten.

In der ersten Zeile wird unterteilt zwischen „Domain Metrics" und „Page Metrics", welche die Analyse deiner Domain kategorisiert und die hinter dem Domain-Namen steckt.

Unter der „Domain Authority" und „Page Authority" versteht man die jeweilige „Kompetenz" einer Seite und der Domain oder Subdomain. Diese Kompetenzen werden jeweils in einem Intervall zwischen 0 - 100 angegeben und symbolisieren zugleich das Potenzial einer Seite/Domain.

„Linking Root Domains" umfasst die Root Domains (z. B. *beispiel.de, *seomoz.org, etc.), die bisher nur einmal mit der analysierenden URL verlinkt wurden.

„Total Links" sind dabei eigentlich selbst erklärend. Festzuhalten ist nur, dass dies alle Links umfasst, sprich die internen, externen, „followed" und „nofollowed".

Die Analyse Shares und Likes rund um soziale Netzwerke reduzieren sich nur auf diejenigen Anwender, die über einen kostenpflichtigen Account verfügen, andernfalls werden diese nicht aufgelistet.

**Zahlen zur Analyse:**

Um an genauere Werte und Fakten einer Seite zu gelangen, kannst du dich an 8 verschiedenen Reitern bedienen und somit deiner SEO-Analyse den wichtigen Input verschaffen. Schauen wir uns diese 2 Reiter mal genauer an:

Bei den Top Pages erhältst du Informationen zu deinen einzelnen Seiten, welche auch gleich gerankt werden um dadurch zu sehen, welche Seiten sich von anderen abheben z. B. in Form von „Kompetenz" der einzelnen Seite, bis hin zu Vernetzungen der sozialen Netzwerke (wieder Beschränkung auf den Account).

Unter dem Reiter „Compare Link Metrics" befindet sich die Differenzierung der vorhanden Links, die im Zusammenhang mit der Website stehen und Aufschluss darüber geben, wo die Internetseite bezüglich Links noch Bedarf hat oder wo ihre Stärken liegen. Die Intention hinter diesem Reiter liegt aber eher im Vergleich mit anderen Seiten und deren Verlinkungsnetzwerk.

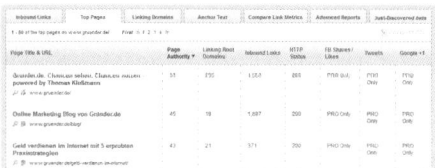

*Quelle: Screenshot*

Ein Vergleich mit anderen Websites aus der eigenen Branche, hochkarätigen Websites oder „topranked"-Websites ermöglichen es dir zu sehen, wo die Seite steht, bzw. was an einer Website noch optimiert werden kann, um die Seite hinsichtlich einer „top ranked"- Website zu optimieren.

*Quelle: Screenshot*

Das Kreisdiagramm zu den Followed-Links und Nofollowed-Links erweist sich trotz trivialer Darstellungsweise als ein essen-

---

**Thomas Klußmann**

zielles Analysemittel, da ja auch die Quote an NoFollow-Links zum Suchmaschinenerfolg der Seite beiträgt.

# 7 Rank Checker

Wer kennt nicht folgendes Problem: Beim Besuch einer Website interessiert man sich dafür, mit welcher Unterseite und jeweiligen Keywords bei den Suchmaschinen gerankt wird. Genau dieses Anliegen greift das Tool auf und analysiert Seiten und dazugehörige Keywords nach ihrem jeweiligen Ranking. Zu kritisieren wäre hier natürlich im ersten Moment, das man diesem Problem auch mit Searchmetrix oder SISTRIX begegnen könnte. Dort gälte es ja schließlich nur die Domain anzugeben und schon lägen die Ergebnisse vor.

Doch der Rank Checker besticht dabei mit seiner Schnelligkeit und Informationsbreite. Die Schnelligkeit ist damit begründet, dass das Tool als Browser-Erweiterung direkt zur Verfügung steht und somit deutlich schneller Informationen bereitstellt. Die Informationsbreite bezieht sich hierbei nicht auf den Informationsreichtum, sondern darauf, dass die Ergebnisse aus Google, Yahoo und Bing ermittelt werden. Somit erhält man einen direkten Überblick, wie die unterschiedlichen Platzierungen sind und wo möglicherweise ein enormes Verbesserungspotenzial vorliegt.

**Anwendung des Rank Checkers:**

Nach der kinderleichten Anmeldung und Installation bei SEO-Book, steht dir jedes Mal beim Aufrufen des Webbrowsers der dazugehörige Tab zur Verfügung. Dieser aufgerufen, ergibt sich folgendes Fenster:

Die Bedienung ist dabei völlig einfach gehalten. Unter „Domain" gibst du die zu analysierende Website an. Unter „Keyword" gibst du dann ein relevantes Keyword ein, zu welchem eine Unterseite oder eben Startseite gerankt wird. Natürlich steht dir die Erweiterung

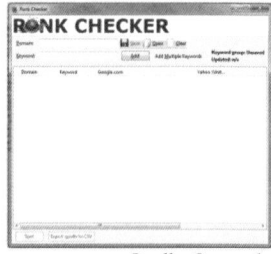

*Quelle: Screenshot*

Thomas Klußmann

von multiplen Keywords auch zur Verfügung.

In diesem Beispiel habe ich www.gruender.de gewählt und nach den Keywords „Geld verdienen mit Facebook" und „online Gründer" gesucht.

*Quelle: Screenshot*

Wie du siehst, erhältst du für „online Gründer" bei Google ein Ranking an 13. Stelle und dieses Keyword findet sich dabei auf der rechts angezeigten Unterseite. Ziehst du das Fenster weiter nach rechts, erhältst du die dazugehörigen Daten für die anderen Suchmaschinen. In deinem Fall wird die Gründer.de-Seite bei Bing deutlich besser gerankt – für dich eine wichtige Erkenntnis.

Wurden analysierte Punkte erfasst, besteht natürlich auch die Möglichkeit, sich die Ergebnisse als Excel-Datei zu speichern. Damit könnte man z. B. eigene Rankings über einen längeren Zeitraum genauer beobachten und welche SEO-Tätigkeiten sich bei welcher Suchmaschine auszeichnen.

## ⊕ Fazit:

Wenn es um das Thema SEO geht, stehen natürlich immer ausgiebige Analysen und Strategien an erster Stelle. Doch um z. B. Kunden-, Partner- oder eigene Seiten SEO-technisch unter die Lupe zu nehmen, bedarf es manchmal auch nur kleinen aber feinen Tools – wie dem Rank Checker eben.

Beabsichtigt man also Backlinks auf einer Seite zu platzieren, könnte man sich somit schnellstmöglich die Info einholen, ob die Seite unter bestimmten Keywords gut rankt oder nicht.

Fungiert man als Dienstleister in der Fotografie-Branche, sollte man andere Seiten dahingehend untersuchen, ob diese in der dazugehörigen Branche effizient ranken.

Somit vermeidest du ineffektive Arbeiten in die Link-Generierung schwachgerankter Seiten.

# 03

## Pay-Per-Click Marketing

### Das Google AdWords 1x1

Seinen Erfolg verdankt Google nicht nur seiner Vormachtstellung unter den Suchmaschinen und der sich daraus ergebenden Reichweite, sondern auch seiner Preispolitik. Werbeanzeigen kosten erst etwas, wenn sie tatsächlich angeklickt oder – wie im Fall von Werbevideos – auch angesehen werden.

Prinzipiell gilt dabei: Je gefragter der Suchbegriff, desto höher die Kosten pro Aufruf.

### 1×1

Google AdWords bietet ebenso viele Funktionen wie Möglichkeiten und ist dementsprechend alles andere als intuitiv bedienbar. Hier entwirfst du Kampagnen, fällst Budget-Entscheidungen, analysierst das Nutzerverhalten in Zahlen und wählst deine Keywords. Hier setzt du dich mit allem auseinander, was in Sachen Online-Marketing quantifizierbar ist.

Google bemüht sich zwar um Nutzerfreundlichkeit und steht Usern mit Leitfäden und Tutorials zur Seite, aber du wirst nicht darum herum kommen, dich einzuarbeiten.

**Du brauchst also:**

- eine Seite, die du bewerben willst
- Zeit
- Geduld, um dich einzuarbeiten
- Geld, um deine Kampagne zu finanzieren

## 2×1 Deine Werbeanzeige

Du verfügst nun also über ein AdWords-Konto und hast auf den „Kampagne starten"- bzw. „+Kampagne"-Button geklickt. Für eine klassische Textanzeige von 140 Zeichen entscheidest du dich für eine der drei obersten Optionen, wobei du dir hier bereits aussuchen kannst, ob sie nur in der SERP Googles und seiner Partner oder im Netzwerk von Websites, Videos und Apps, das mit Google kooperiert, angezeigt werden.

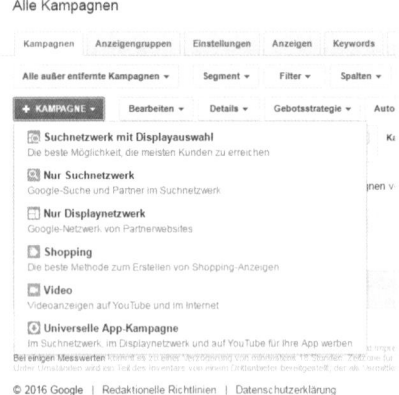

*Quelle: Screenshot*

Wenn du „Nur Suchnetzwerk – Dynamische Suchanzeigen" auswählst, kannst du sogenannte Dynamic Search Ads erstellen. Hier nimmt dir AdWords die Formulierung ab und generiert dynamisch eine Anzeige, die auf den Inhalten deiner Website basiert.

Für Shopping-Anzeigen benötigst du ein Google-Merchant-Konto.

Diese Anzeigen arbeiten mit den Produktinformationen aus diesem Konto und werden getrennt von den Textanzeigen eingeblendet.

Videoanzeigen laufen über YouTube, das seit 2006 Tochtergesellschaft Googles ist. Hierfür ist das Erstellen eines Werbevideos Voraussetzung. Eine Verknüpfung von AdWords mit einem eigenen YouTube-Konto bietet sich hier an.

Die universelle App-Kampagne ist für diejenigen gedacht, die eine Android-App anbieten und diese bewerben möchten.

## 3×1 Die Spielregeln

Google stellt Anzeigen nicht ungeprüft online. Eine Reihe von Richtlinien stellt sicher, dass nicht für illegale Zwecke geworben wird, Anzeigen zweckentfremdet oder für Betrug verwendet werden oder das Markenrecht verletzen. Anzeigen für Produkte, die nicht jugendfrei sind, unterliegen Einschränkungen.

Allerdings kann es schnell passieren, dass deine Anzeige abgelehnt wird, obwohl du keine unlauteren Absichten hegst. Das ist zum Beispiel dann der Fall, wenn die eingeblendete Domain und die Ziel-URL einer Anzeige nicht übereinstimmen. Wird deine Anzeige abgelehnt, muss du herausfinden, welche der Richtlinien verletzt wird, und das Problem dann beheben.

## 4×1 Das AdWords-Bietsystem

Herz von AdWords ist das Bietsystem. Deine Anzeigen kosten dich nur dann Geld, wenn mit ihnen auf bestimmte Weise interagiert wird. Daraus ergeben sich unterschiedliche Bietstrategien, die meist nur mit Abkürzungen bezeichnet werden.

- **CPC – Cost per click:**

  Die Einblendung der Anzeige ist kostenlos, bezahlt wird jeder einzelne Klick darauf.

- **CPV – Cost per view:**

  Selbes Prinzip wie bei CPC, nur dass hier nicht Klicks gezählt werden, sondern die jeweiligen Videodurchläufe.

- **CPA – Cost per acquisition:**

  Gezahlt wird pro Conversion, die über die Anzeige erfolgt.

- **CPM – Cost per Mille:**

  Der Tausendkontaktpreis ist eine klassische Größe aus der Werbeplanung. Gezahlt wird hier tatsächlich für die bloße Einblendung. Diese Bietstrategie ist geeignet, wenn es darum geht über Anzeigen die Bekanntheit der eigenen Marke oder des eigenen Produktes zu steigern.

Je gefragter ein Suchbegriff, desto höher die Gebote darauf. Je mehr du bietest, desto höher ist die Chance auf eine günstige Platzierung deiner Anzeige. Die wirklich anspruchsvolle Aufgabe bei der Anzeigeneinstellung ist daher die Suche nach dem richtigen Keyword-Set. Ein teures, viel benutztes Keyword ist tendenziell weniger gut als eine Wortkombination, die sicherstellt, dass nur wer in etwa sucht, was du bietest, auch deine Seite findet.

Wenn du zum Beispiel einen Webshop für Gummistiefel hast, macht es weniger Sinn das Keyword „Schuhe" zu benutzen. Besser ist: „Gummistiefel kaufen". Du solltest auch unbedingt mit ausschließenden Keywords arbeiten, also Suchbegriffen, die dafür sorgen, dass deine Seite nicht als Beifang einer ganz anderen Suche enden. Beim hypothetischen Gummistiefel-E-Shop könnten ausschließende Keywords zum Beispiel „Herstellungsprozess" oder „Erwachsenenunterhaltung" sein.

Deine Klickzahl kannst du über Anzeigenerweiterungen verbessern. Diese sind:

- **Sitelink-Erweiterungen:**

  Bis zu 6 verschiedene Links, zum Beispiel auf beliebte Artikel oder Öffnungszeiten, werden bei der Anzeige miteingeblendet.

- **Standorterweiterung:**

  Die Adresse des Unternehmens erscheint unter der Anzeige.

- **Anruferweiterung:**

  Die Telefonnummer des Werbetreibenden wird eingefügt, so dass der User auf Klick hin telefonisch Kontakt aufnehmen kann.

- **Angebotserweiterung:**

  Mit dieser Erweiterung kann man zum Beispiel auf aktuelle Sonderaktionen hinweisen.

Du kannst festlegen, wie viel du pro Tag in Deine Kampagne investieren möchtest und ein Kampagnen-Enddatum unter „Werbezeitplan" festlegen. So ist gewährleistet, dass deine Kosten nicht explodieren.

## 5×1 Analysiere deine Kampagne

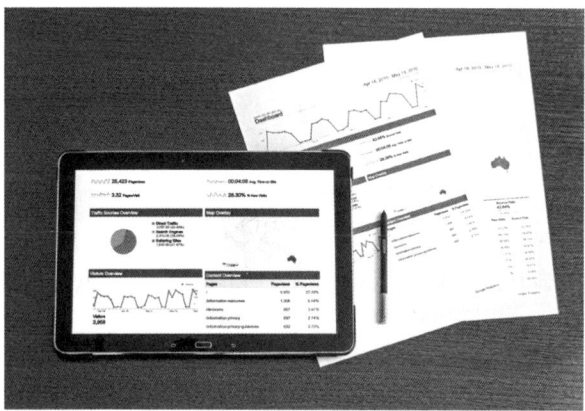

*© CC0 Public Domain / pixabay.com*

Es lohnt sich, Google AdWords mit dem Analytics-Tool aus demselben Haus zu vernetzen. So kannst du besser sehen und verstehen, wie sich deine AdWords-Kampagne entwickelt und im Zweifel nachjustieren. Das ist, besonders während der ersten Kampagnen, eine der arbeitsintensivsten Aufgaben.

## 6×1 Andere Google-Tools

Wenn du Bannerwerbung machen möchtest, ist AdSense das Tool der Wahl. Hier erscheint die Werbung nicht in der SERP, sondern auf Partnerseiten Googles. Du mietest in diesem Fall quasi Online-Werbefläche.

Wenn du keine Zeit oder keine Geduld für AdWords hast, gibt es noch die Möglichkeit Anzeigen über AdWords Express zu schalten, das sich zu AdWords verhält wie eine Light-Variante.

## 7×1 Häufige Fehler

- **AdWords als Selbstläufer behandeln:**

  Eine AdWords-Kampagne will gepflegt werden. Schaue deshalb besser mehrmals am Tag vorbei, um zu sehen, was sie macht. Die Pflege von AdWords-Kampagnen lässt sich allerdings auch mit speziellen Tools automatisieren. Nützlich ist auch, die Anzeigen immer wieder zu testen, um zu schauen, ob sie die Nutzer auch wirklich ansprechen und überzeugen.

- **Klicks über alles:**

  Die Conversion-Rate sollte bei der Optimierung ebenfalls im Auge behalten werden. Klicks ohne Conversion sind, wo CPC berechnet werden, verbranntes Geld.

- **Nur auf Keywords achten:**

  Natürlich ist das Keyword-Set entscheidend, aber deine Anzeige sollte konsistent sein und nicht mehr versprechen als sie hält. Der Nutzer will nicht hoffnungsvoll etwas anklicken und beim Anblick der Landing-Page enttäuscht werden. Ebenso solltest du deine Anzeige testen und sicher gehen, dass die Links richtig gesetzt wurden und der Text in dem Anzeigenformat auch attraktiv wirkt.

- **Zeit und Raum ignorieren:**

  Auf den ersten Blick scheint es, als ob räumliche Faktoren im Cyberspace keine Rolle spielen und alles immer auf dem neusten Stand ist. Das gilt allerdings definitiv nicht für saisongebundene Kampagnen und Kampagnen, die nicht in einer Weltsprache erscheinen. Erstere sollten immer mit einem Enddatum versehen, Zweitere regional geschaltet werden. So vermeidest du es, im Winter für Sonnenbrillen zu werben oder Klicks von jenem Ende der Welt zu bekommen, das nichts mit deinem Content anzufangen weiß.

## 8×1 Weiterführende Links

Im Detail kann man alles über AdWords hier nachlesen. Wenn du doch eher der audiovisuelle Lerntyp bist und spezifische Fragen hast, dann ist der deutschsprachige YouTube-Kanal von „Think with Google" eine gute Anlaufstelle. Zu den jeweiligen Aspekten von AdWords gibt es hier Videos, deren Länge überwiegend unter 5 Minuten liegt.

### Zusammengefasst:

Wenn du mit Googles Segen Werbung im Internet schalten möchtest, ist AdWords das wichtigste Tool. Es gibt ein paar Dinge, die beachtet werden müssen und du solltest dir die Zeit nehmen, dich mit AdWords auseinander zu setzen, aber es lohnt sich. Wichtig ist, über regionales Targeting sowie das passende Keyword-Set nebst ausschließenden Keywords, eine Anzeige zu erschaffen, die zum Suchergebnis, mit dem sie eingeblendet wird, passt. Wenn du hier alles, oder zumindest genug, richtig machst, dann stimmt am Ende auch das Preis-Leistungs-Verhältnis. Einfacher, aber mit weniger Stellschrauben zum Optimieren, geht es für Ungeduldige mit AdWords Express.

## FACEBOOK-ADVERTISING: WIE DU MIT HILFE VON WERBEANZEIGEN AUF FACEBOOK DURCHSTARTEN KANNST

Die Social-Media-Plattform Facebook ist mit über 1 Milliarde Usern die bedeutendste Plattform für den sozialen Austausch von Menschen. Diese Tatsache ist inzwischen auch den meisten Unternehmern bewusst, weshalb viele eine Präsenz in Form einer Facebook-Fanpage besitzen.

In letzter Zeit wurden die negativen Stimmen gegenüber Facebook als Marketing-Instrument jedoch immer stärker. Wie Facebook offiziell bestätigt, sehen lediglich 8 % aller Fans einer Fanpage die vom Unternehmen verfassten Beiträge. Diese drastische Abnahme der Reichweite einer Fanpage kann und sollte nicht zur Seite geschoben werden. Es reicht also heutzutage nicht mehr aus, nur regelmäßig gute Inhalte zu posten.

Daher möchte ich dir an dieser Stelle zeigen, wie du mit den richtigen Strategien und Taktiken Facebook perfekt für dich nutzen kannst, um so das Maximum an Reichweite zu erlangen.

Die Facebook-Werbeplattform bietet dir dazu mehrere Möglichkeiten an. In diesem Buch gehe ich dazu auf eine einfache, aber sehr effektive Art von Facebook-Advertising ein:

Und zwar auf „Beworbene Beiträge (so genannte „Promoted Posts").

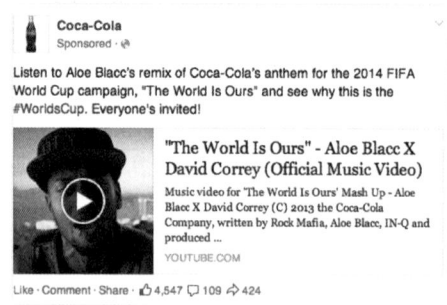

*Quelle: Screenshot*

## Was sind beworbene Beiträge?

Du erkennst beworbene Beiträge an dem Schriftzug „empfohlener Beitrag" oder „sponsored".

Diese „empfohlenen Beiträge" sind nichts anderes als normal veröffentlichte Facebook-Seitenbeiträge, welche vom Betreiber der Fanpage gegen ein bestimmtes Werbebudget beworben wurden, um die Reichweite zu erhöhen.

Beachte aber: Nicht alle dieser Anzeigen sind Promoted Posts. Es können auch die sogenannten „Gefällt mir" Anzeigen sein, oder Anzeigen, die auf Websites außerhalb von Facebook verlinken (Website Link Ads). Diese Anzeigetypen werden in diesem Artikel aber nicht behandelt.

Als Facebook-Seitenbetreiber kennst du vielleicht die blauen „Beitrag Bewerben"-Buttons unterhalb der Beiträge deiner Fanpage. Genau mit diesem Button kannst auch du in wenigen Schritten deine Beiträge bewerben. Wie genau das funktioniert erkläre ich Schritt für Schritt.

*Quelle: Screenshot*

Vorab aber noch ein kleiner Einschub, um die Thematik noch besser verstehen zu können. Dazu folgender Screenshot:

Hier siehst du eine Auswertung eines beworbenen Beitrages, also die damit erzielte Reichweite. Es wurden also mit einem Werbe-Budget von 2 € insgesamt 98 Menschen erreicht, welche dann 21 Aktionen ausgeführt haben. Diese Aktionen können zum Beispiel ein Kommentar unterhalb eines Postings sein oder ein Like/ Share eines Beitrages.

Die Kennzahl „Paid Reach" gibt an, wie viele Menschen diesen Beitrag also als „empfohlenen Beitrag" gesehen haben. Bei der ursprünglichen Veröffentlichung eines Beitrages hast du aber natürlich auch „organisch" schon ein paar Fans erreicht, aber definitiv nicht alle.

Beworbene Beiträge sind also anfangs der beste und einfachste

Weg um deine wichtigsten Beiträge an relevante Zielgruppen zu kommunizieren.

### Soll ich Beiträge im News-Feed oder auf der rechten Seite bewerben?

Grundsätzlich unterscheidet Facebook zwischen 2 möglichen „Placements" für Werbeanzeigen:

- **Der Facebook-News-Feed:**

  Das ist dein ganz normaler News-Stream, den du aus deinem tagtäglichen Gebrauch sicher kennst. Er ist an deinem normalen Rechner oder auf deinem Mobilgerät verfügbar.

- **Die rechte Seite („Right Hand Side Ads"):**

  Diese ist nur auf dem Desktop Rechner verfügbar und nicht auf dem Mobiltelefon einsehbar.

Für beworbene Beiträge eignet sich nach Meinung vieler Facebook-Experten vor allem der News-Feed. Warum das so ist, erklärt dir das Team von AdBacker in dem Video „Facebook Anzeigenplacements News-Feed vs Rechte Seite (RHS)" auf YouTube.

Vergiss also zunächst die rechte Seite als möglichen Ort für deine Werbeanzeige auf Facebook. Konzentriere dich darauf, deine Beiträge im News-Feed an interessierte Zielgruppen zu richten. Hier hast du nämlich die größte Aufmerksamkeit der Facebook-User, vor allem am Mobiltelefon.

### Warum sollte ich Postings bewerben?

Wie schon erwähnt, hat Facebook selbst bekannt gegeben, dass die meisten Beiträge auf einer Fanpage nur noch wenige Fans erreichen. Dieser Umstand ist ärgerlich, da jeder Unternehmer gern kostenlosen Traffic beziehen möchte.

Fraglich ist also, warum nur noch so wenig User Postings von Fanpages erhalten. Der Grund dafür liegt in der starken Zunahme der Neuigkeiten, Freunde und Fanpages in den News-Feeds der User.

Ein durchschnittlicher User würde ohne Filterung der Inhalte im Schnitt 1.500 bis 5.000 Neuigkeiten pro Tag in seinem News-Feed sehen. Dies wird von Facebook durch hunderte verschiedene Algorithmen auf bis zu 300 Beiträge begrenzt.

Schauen wir uns noch einmal an, wie drastisch der Unterschied zwischen einem beworbenen Beitrag und einem nicht beworbenen Beitrag sein kann:

*Quelle: Screenshots*

Im Beispiel links sieht man deutlich, wie ein normaler Post lediglich 500 Menschen erreicht hat, wohingegen der beworbene Beitrag rechts mit einem Budget von 25 € knapp 500.000 Menschen erreicht hat.

Wählst du also die richtige Strategie bei der Bewerbung deiner Posts, erhältst du mit sehr wenig Werbebudget eine sehr große Reichweite.

**Welche Art von Beiträgen eignen sich besonders gut für eine Promotion?**

Der Beitrag soll immer ein Ziel erfüllen, egal ob du mehr Fans, mehr E-Mail-Abonnenten oder sogar mehr Verkäufe in deinem Shop haben möchtest. Im Idealfall erfüllst du sogar mehrere dieser Ziele gleichzeitig mit nur einem einzigen Post.

Hier ein paar Beispiele, welche Arten von Postings sich generell sehr gut für eine Promotion eignen:

- Gewinnspiele
- Rabattaktionen
- Virale" Website-Link-Posts
- Virale" Videos

**Was muss ich bei der Bewerbung des Beitrages beachten?**

Es gibt einige wichtige Dinge zu beachten, wenn du einen Beitrag auf deiner Fanpage durch Werbe-Budget bewerben willst:

- **Wähle ein aussagekräftiges Bild**

  Laut einer Studie des Magazins „HubSpot" erzeugen Bilder mit Abstand die höchsten Fan-Engagement-Raten: die Steigerungen liegen im Durchschnitt bei 120 %. Der Grund dafür ist recht simpel: Facebook ist ein soziales Netzwerk. Damit steht nicht die Vermittlung von Wissen im Mittelpunkt, sondern das Entertainment. Bilder sind für dieses Entertainment im Social Media perfekt geschaffen. Sie lassen sich ohne großen Aufwand konsumieren und sagen mitunter mehr als 1000 Worte. Rechts ein kleines Beispiel von Starbucks.

- **Überprüfe dein Bild auf dessen Textanteil**

  Bisher wurden Anzeigen direkt oder nach wenigen Minuten von Facebook wieder deaktiviert wenn der Text mehr als 20 % des Werbeanzeigenbildes ausgemacht hat. Facebook rät dir zwar immer noch dazu, so wenig Text wie möglich auf deinem Bild zu platzieren, hat inzwischen aber ein neues System eingeführt, das Werbeanzeigen mit hohem Textanteil trotzdem schaltet, dafür aber die Reichweite verringert, mit der sie ausgeliefert werden. Benutze deshalb das Text-Overlay-Tool von Facebook, um zu

*Quelle: Screenshot*

überprüfen wie die Reichweite deiner Werbeanzeige ausfällt bevor du diese schaltest (Link: https://www.facebook.com/ads/tools/text_overlay).

- **Stelle sicher, dass dein Beitrag eine Handlungsaufforderung enthält**
- **Nutze Videos und hinterlege dabei einen Link auf deine Website**

Neben Bildern sind Videos der Entertainment-Faktor bei Facebook. User lieben Videos ebenso sehr wie Bilder, ganz nach dem Motto: „je weniger ich lesen muss, desto besser."

**Und noch zwei heiße Tipps:**

1. Statt Videos lediglich zu verlinken (z. B. auf YouTube), empfehle ich diese direkt auf Facebook als Post hochzuladen. Der Vorteil: die Engagement-Rate steigt nochmals um satte 40 %.

2. Seit wenigen Monaten erlaubt Facebook es dir, einen Website-Link zu hinterlegen, wenn du ein Video auf Facebook hochlädst. Nutze unbedingt diese Zusatzoption, da du durch diese weitere Handlungsaufforderung mehr Besucher und potenzielle Neukunden auf deine Website lenken kannst:

**An wen soll ich meine Beiträge richten?**

Die Zielgruppenauswahl ist einer der wichtigsten Erfolgsfaktoren im Facebook-Marketing. Daher hier einmal eine Richtlinie, an welche Zielgruppe du deine Facebook-Werbeanzeige richten solltest.

- **Bestehende Fans(!)**

Richte deine Beiträge immer zuallererst an Fans, und zwar NUR an diese Fans. Warum? Deine bestehenden Facebook Fans kennen deine Inhalte bereits aus deinem News-Feed oder haben zumindest einmal deine Seite mit „Gefällt mir" markiert. Diese Fans fühlen sich also mit großer Wahrscheinlichkeit nicht an deinen Inhalten gestört und bekommen eine kleine Erinnerung, dass du auch noch da bist. Dies führt zu einer höheren Interaktionsrate, was wiederum sehr niedrige Kosten für dich impliziert. Hast du nur wenig Werbe-Budget, ist hier also dein Budget am sinnvollsten eingesetzt.

- **E-Mail-Abonnenten & Website-Besucher**

  Dies ist eine fortgeschrittene Möglichkeit der Zielgruppenansprache. Die Custom-Audience-Funktion von Facebook bietet dir die Möglichkeit, eine Liste mit E-Mail-Adressen auf Facebook hochzuladen, um dann gezielte Anzeigen an diese Liste zu schalten. So kannst du beispielsweise deine Facebook-Beiträge an Stammkunden wenden und diese Kunden zu Fans machen. Außerdem bietet Facebook jedem Werbetreibenden an, selbst einen Retargeting-Pixel von Facebook auf seiner Website zu platzieren. Auf Facebook „füllt" sich dann Tag für Tag eine Liste mit deinen Website-Besuchern, welche dann wiederum mit Beiträgen angesprochen werden können. Dies ist eines der effektivsten Mittel, um sehr günstige und effektive Beiträge zu bewerben.

- **Freunde von Fans & Interessen**

  Das klassische Schalten von Anzeigen nach Interessen ist eine weitere nützliche Funktion. Wenn dein Beitrag beispielsweise inhaltlich sehr stark mit der Sportart Fußball zu tun hat, kannst du beispielsweise als Interesse „Thomas Müller" oder „Mesut Özil" auswählen und erreichst somit Menschen, welche zwar bis dahin noch keinen Kontakt zu deinem Unternehmen hatten, aber deinen Beitrag vielleicht aufgrund des Inhalts interessant finden. Außerdem kannst du als zusätzliche Möglichkeit deine Beiträge an die Zielgruppe „Freunde von Fans" richten. Dies bedeutet nichts anderes, als dass deine Beiträge in der Timeline von Menschen erscheinen, welche zwar nicht deine Fans sind, aber mit deinen Fans befreundet sind. Hier nutzt du den Vorteil einer Art Weiterempfehlung, da diese User über den beworbenen Beitrag einen Hinweis erhalten, dass ihre Freunde deine Seite schon mit „Gefällt Mir" markiert haben. Der Social-Proof ist also definitiv gegeben.

**3 Möglichkeiten um deinen Beitrag zu bewerben:**

- Mit dem „Beitrag Bewerben"-Button unterhalb deiner Seitenbeiträge

- Mit dem normalen Werbeanzeigen-Manager
- Mit dem Power Editor

## ⊕ Fazit:

Dieser Abschnitt hat dir gezeigt, wie wichtig Werbeanzeigen auf Facebook sind, damit du wirklich das ganze Potenzial dieses riesigen Social-Media-Netzwerkes ausnutzen kannst.

Daher solltest du dir wirklich klar machen, dass es ohne Werbe-Budget nahezu unmöglich ist, die gewünschte Zielgruppe auf Facebook effektiv zu erreichen und dein Unternehmen erfolgreich auf Facebook zu positionieren.

Setzt du allerdings das Wissen aus diesem Abschnitt um, kannst du deine Reichweite steigern und so die Begrenzung der News in dem News-Feed deiner Zielgruppen zu deinem Vorteil nutzen! Nutze also dieses Wissen und verschaffe dir einen klaren Vorsprung gegenüber deiner Konkurrenz.

### Eine günstige Alternative zu Google AdWords und Facebook-Werbeanzeigen

Werbung schalten im Internet und damit viel Geld verdienen. Dieser Satz ist für viele Internetunternehmer ein wahrer Traum. Doch viele wissen auch, dass es nur mit Werbung nicht getan ist und dass die Konkurrenz in diesem Bereich auch sehr groß ist.

So sind Werbemöglichkeiten wie Google AdWords schon längst keine kleine Nische mehr, sondern recht groß gewordene „Tummelplätze".

Bei all der Bedeutsamkeit von Google, welche sicherlich unangefochten ist, gibt es aber nach wie vor noch diverse andere Suchmaschinen, die zwar längst nicht die Masse an Suchanfragen verarbeiten wie Google, aber dennoch ihre Daseinsberechtigung haben.

Die Rede ist von Suchmaschinen wie Yahoo oder Bing, die zusammengenommen immerhin (je nach Quelle) auf ca. 5 % bis 10 %

weltweit kommen. Auch im deutschsprachigen Raum ist das Bild ähnlich.

Natürlich sind das längst nicht die Massen wie bei Google, allerdings ist jeder Lead für deine Website kostbar, sodass du diesen prozentual geringen Anteil als Optimierungskriterium sicherlich nicht vernachlässigen solltest. Daher stelle ich dir Yahoo! Search Marketing vor, das Pendant zu Google AdWords.

## Yahoo! Search Marketing

Auch Yahoo bietet ein System auf Pay-per-Click Basis an, welches sehr ähnlich zu dem von Google AdWords arbeitet. Auch hier hat man als Anbieter diverser Produkte oder Dienstleistungen die Möglichkeit, Anzeigen mit themenrelevanten Keywords per Bietverfahren zu buchen, um damit dann letztlich in Yahoo! ein besseres Ranking zu erhalten bzw. in den gesponserten Suchergebnissen ganz oben auf Platz 1 zu landen.

Auch Yahoo! beliefert weitere Suchmaschinen mit Werbeanzeigen – beispielsweise die Suchmaschine www.bing.de von Microsoft. Außerhalb von Europa weist Yahoo einen größeren Marktanteil auf als in Deutschland, sodass hier zumindest etwas Hoffnung für eine zukünftig stärker werdende Konkurrenz zu Google besteht.

Im Gegensatz zu Google AdWords ist Yahoo! in vielen Bereichen noch nicht so überschwemmt und so hat man die Chance hier bestimmte Keywords sehr viel günstiger buchen zu können, als eben zum Beispiel über Google AdWords.

Denn weniger Mitbewerber, die auf das selbe Keyword mitbieten, bedeuten (sehr viel) geringere Klickpreise und somit macht es gerade in sehr umkämpften Märkten und Bereichen durchaus Sinn von Google AdWords auf Yahoo! Search Marketing auszuweichen.

Zwar deckt Yahoo! mit seiner Suchmaschine generell längst nicht den gleichen Bereich ab wie Google (Google deckt über 90 % in Deutschland ab), doch Yahoo! beliefert mit seinen gesponserten

Anzeigen viele große Websites und Portale, wie z. B. GMX, Kabel 1, N24 und SAT.1.

Auf diese Weise hast du auch hier die Chance, eine sehr große Reichweite an targetierten Interessenten anzusprechen und so sehr viel Traffic zu günstigen Preisen zu generieren.

Du erreichst Yahoo! Search Marketing unter folgender URL: https://advertising.yahoo.com.

(Auf dieser Webseite kannst du dich über den Zusammenschluss von Yahoo! und Microsoft (Bing.com) zur „Search Alliance" informieren: http://yahoobingnetwork.com).

## ⊕ Fazit:

Wenn man sich also generell für Werbeanzeigen über Suchmaschinen interessiert, ist es aus meiner Sicht unter Umständen sehr lohnenswert, einmal über den Tellerrand von Google AdWords hinaus zu blicken und sich bei Googles „größter" Konkurrenz einmal umzugucken. Zwar ist die Anzahl an potenziell erreichbaren Usern sehr viel kleiner, allerdings ist es auch immer ratsam zwischen Kosten und Nutzen abzuwägen. Denn das ist letztendlich nicht nur deine Chance als Verbraucher, sondern auch die Chance für Unternehmen wie Yahoo!.

# 04

# Affiliate Marketing

## So kannst du als Publisher Geld verdienen

B log- und Website-Betreibern stehen im Internet viele Möglichkeiten offen, mit Werbung Geld zu verdienen. Voraussetzung hierfür ist jedoch erst einmal, für genug Traffic auf der eigenen Website zu sorgen. Denn der Besucherstrom entscheidet letztendlich darüber, wie viel Geld mit Affiliate Marketing verdient werden kann. Je größer der Besucherstrom auf einer Website ist, desto interessanter ist diese für potenzielle Werbekunden.

© *gruender.de*

## Was ist Affiliate Marketing?

Affiliate Marketing ist eine partnerschaftliche Zusammenarbeit zwischen einem werbetreibenden Unternehmen und einem Blog- oder Website-Betreiber. Hierbei stellt der Website-Betreiber (Affiliate) dem Unternehmen (Merchant) Werbemöglichkeiten auf der eigenen Website zur Verfügung.

Der Affiliate bewirbt also auf seiner Website oder seinem Blog Produkte und Dienstleistungen von anderen Anbietern z. B. in Form von Werbe-Links, Bannern oder anderen Werbemitteln. Im Gegenzug erhält dieser für das Vermitteln von Kunden an Online-Shops eine Provision, die nach einer vorher festgelegten Aktion gezahlt wird. Beim Affiliate Marketing gibt es verschiedene Abrechnungsmodelle, auf die später noch einmal genauer eingegangen werden soll.

### Verschiedene Möglichkeiten, um als Affiliate Geld zu verdienen

Mit Affiliate Marketing kannst du dir eine gute Einnahmequelle neben deinem Business aufbauen. Ich möchte dir im Folgenden verschiedene Möglichkeiten vorstellen, wie du als Affiliate Geld verdienen kannst.

## 1   Das PartnerNet-Programm von Amazon

Das PartnerNet-Programm von Amazon zählt mit hunderttausenden Affiliates zu den weltweit größten Partnerprogrammen. Mit dem Partnerprogramm von Amazon haben Affiliates die Möglichkeit, die dort angebotenen Artikel z. B. über Textlinks, Banner oder Ähnlichem zu bewerben und so eine Provision von

*Quelle: Screenshot*

bis zu 10% zu erhalten. Voraussetzung hierfür ist allerdings, dass du eine eigene Website betreibst.

**Vorteile des Amazon Partnerprogramms:**

- Mit einer breit gefächerten Produktpalette von mehreren Millionen verschiedenen Produkten, bietet das Partnerprogramm für wohl jeden Affiliate zu seiner Website passende Produkte.

- Aufgrund seiner Zuverlässigkeit und Pünktlichkeit genießt Amazon großes Vertrauen seiner Kunden, weshalb die Kaufschwelle für potenzielle Käufer entsprechend niedrig ist.

- Wird ein Kunde vermittelt, so erhält der Affiliate auf den gesamten Warenkorb eine Provision und nicht nur auf das Produkt, das er beworben hat. Das gilt selbst dann, wenn der Kunde im Endeffekt das Produkt, das über einen Affiliate-Link beworben wurde, gar nicht kauft, sondern sich für andere Produkte entscheidet.

- Amazon zahlt die Werbekostenerstattung zuverlässig und pünktlich. Du kannst dabei eine von drei verschiedenen Zahlungsarten (per Banküberweisung, per Scheck oder anhand eines Amazon-Geschenkgutscheins) auswählen.

**Nachteile des Partner-Programms:**

- Für manche Produktkategorien (Fernseher, Smartphones, Tablets oder PS4-Konsolen) gibt es eine extrem niedrige Provision von 1%.

- Wenn der Kunde nach einer Sitzung (24 Stunden nachdem er über den Affiliate-Link auf ein Produkt von Amazon gelangt ist) ein Produkt auf Amazon erwirbt, erhält der Affiliate keine Provision mehr. Selbst wenn es nicht nur Positives über das Partnerprogramm von Amazon zu berichten gibt, so steht trotzdem fest, dass die Vorteile des Programms überwiegen und es eine gute Möglichkeit für Website-Betreibende darstellt, sich im Internet noch etwas Geld nebenher zu verdienen.

## Wie kann ich am Amazon PartnerNet teilnehmen?

Um am PartnerNet-Programm von Amazon teilzunehmen, bedarf es lediglich einer kostenlosen Anmeldung bzw. einem Antrag auf Teilnahme am Programm. Dieser Antrag wird von Amazon anschließend geprüft, was einige Tage in Anspruch nehmen kann. Nach der Prüfung wird dir mitgeteilt, ob Amazon den Antrag genehmigt hat oder ob er abgelehnt wurde.

Der Antrag kann beispielsweise abgelehnt werden, wenn die Teilnahmebedingungen von Amazon nicht erfüllt werden. Das ist beispielsweise der Fall, wenn Amazon feststellt, dass deine Website für das Partner-Programm nicht geeignet ist. Als ungeeignet werden Websites eingestuft, die beispielsweise für Produkte mit sexuellen, gewaltbezogenen Inhalten oder für die Durchführung von illegalen Aktivitäten werben.

Wenn du bereits ein Amazon-Konto hast, kannst du dich ganz einfach mit deinen Zugangsdaten einloggen. Ansonsten musst du erst noch ein Konto anlegen, was aber eine Sache von nur wenigen Minuten ist. Für den Anmeldevorgang werden deine Kontodaten sowie Informationen zu deiner Website, z. B. über Themenschwerpunkte und das Besucherverhalten, verlangt. Wichtig ist, die gewünschte Zahlungsmethode frühzeitig festzulegen. Dafür klickst du einfach auf den Button „Zahlungsmethode jetzt festlegen". Nachdem du den Teilnahmebedingungen zugestimmt hast, heißt es dann erst einmal abwarten. Du kannst dich aber auch schon mal im PartnerNet-Konto anmelden. Nur Links oder Werbemittel solltest du erst in deine Website einbauen, wenn du die Teilnahmebestätigung von Amazon erhalten hast.

## Wie funktioniert Amazon PartnerNet?

Für die Produkteinbindung auf deiner Seite kannst du unter anderem zwischen Text-Links, Banner-Links, Site-Stripes und Widgets (Schnäppchen-Widget oder Such-Widget) entscheiden, die dir von Amazon zur Verfügung gestellt werden und alle nötigen Produktinformationen enthalten.

Mit den dir zur Verfügung gestellten Tools kannst du mit nur wenigen Klicks einen Link von deiner Website zu Amazon erstellen. Dafür gehst du im Amazon.de-Shop auf die gewünschte Produktseite und klickst auf den Button „Link erstellen". Du wählst den für dich passenden Link (z. B. Text-Link oder Banner-Link) aus. Amazon generiert daraufhin einen HTML-Code, den du kopieren kannst und ganz einfach in deine Website integrieren kannst.

Bei der Anmeldung wird automatisch eine Tracking-ID angelegt, die in den Affiliate-Links zu Amazon enthalten ist und mit der es möglich ist, einen Käufer einem bestimmten Affiliate zuzuordnen. Gelangt nun ein Kunde über deinen Affiliate-Link zu einem Produkt auf Amazon und kauft innerhalb von 24 Stunden etwas, erhältst du eine Provision für den gesamten Warenkorb. Die Provisionen können je nach Produktkategorie deutlich voneinander abweichen. Für Videospiele-Downloads, Software-Downloads, Kleidung, Schmuck, Gepäck, Schuhe, Uhren und Möbel wird mit 10 % die höchste Provision gezahlt.

Wie viel du letztendlich mit Amazon PartnerNet verdienen kannst, hängt vor allem von drei Faktoren ab:

1. **Deiner Nische:**

   Zunächst ist es wichtig, dass du eine gute Nische entdeckt hast, zu deren Themengebiet sich Amazon-Produkte vorstellen lassen, die auch online gekauft werden und lukrativ sind.

2. **Deinem Traffic:**

   Je mehr Traffic du auf deiner Website hast, desto mehr Geld kannst du auch mit Affiliate Marketing verdienen.

3. **Dem Vertrauen:**

   Wenn du ein gutes Nischenthema für dich entdeckt hast, ist es wichtig, dass deine Website nicht unseriös wirkt. Andernfalls werden dir die Leute einfach nicht vertrauen. Achte deshalb auf ein ansprechendes Design – auch bei der Einbindung der Amazon-Affiliate-Links – und gute Inhalte deiner Website. Mit einer gut besuchten Seite, der die Menschen vertrauen, ist es durchaus möglich, einige hundert bis tausend Euro im Monat mit dem Partnerprogramm von Amazon zu generieren.

## 2 Affiliate-Netzwerke um Partnerprogramme zu finden

Bei Affiliate-Netzwerken handelt es sich um Plattformen, auf denen sich Affiliates (Publisher) und Merchants (Händler) anmelden können und so zueinander finden. Affiliate Netzwerke fungieren somit als Vermittler zwischen den beiden Parteien und wickeln alle Zahlungsangelegenheiten ab. Als beliebte Affiliate-Netwerke können belboon und affilinet genannt werden.

Das Affiliate-Netzwerk stellt den Affiliates Werbemittel zur Verfügung, die sie in ihre Website einbinden und anhand welcher sie Produkte und Dienstleistungen für andere Anbieter bewerben können. Klickt ein User auf einen Affiliate-Link, wird er auf die Website eines Online-Shops weitergeleitet. Für welche Aktion des Kunden der Affiliate eine entsprechende Provision vom Merchant erhält, hängt von dem vorher festgelegten Vergütungsmodell ab. Es gibt viele verschiedene Vergütungsmodelle im Affilliate-Marketing.

**Die 3 am häufigsten verwendeten Vergütungsmodelle sind:**

- **PPS:** Pay per Sale (auch CPS: Cost per Sale): Bei dieser Vergütungsform erhält der Affiliate erst eine Provision, wenn ein Kunde über seinen Affiliate-Link auch tatsächlich ein Produkt gekauft hat.

- **PPL:** Pay per Lead (auch CPL: Cost per Lead): Bei dieser Abrechnungsmethode entstehen für den Advertiser nur dann Kosten, wenn eine vorher festgelegte Handlung erfolgreich durchgeführt wurde. Bei dieser Handlung kann es sich beispielsweise um eine Registrierung für den Newsletter, die Bestellung eines Katalogs oder das Ausfüllen eines Formulars handeln. Anders als bei der PPS-Vergütung ist es bei diesem Abrechnungsmodell nicht erforderlich, dass ein Verkauf stattfindet.

- **PPC:** Pay per Click (auch CPC: Cost per Click): Beim PPC-Abrechnungsmodell erhält der Affiliate bereits eine Vergütung, sobald auch nur ein Interessent auf seinen Affiliate-Link bzw. auf seine Werbeanzeige klickt. Diese Form der Vergütung wird oft als Tausend-Kontakt-Preis berechnet. Für Affiliates ist die Teilnahme an Affiliate-Netzwerken kostenlos und bietet hervorragende Möglichkeiten im Internet Geld zu verdienen.

# 3 Inhouse-Partnerprogramme

Außer Affiliate-Netzwerken gibt es noch eine weitere Möglichkeit Affiliate Marketing zu betreiben. Und zwar mit sogenannten Inhouse-Partnerprogrammen. Beim Inhouse-Partnerprogramm setzt der Merchant, bzw. die Firma, die das Partnerprogramm betreiben will, dieses selbst um. Die Anmeldung zum Partnerprogramm und der Support finden dann auf der Website der Firma statt oder es wird eine Affiliate-Agentur damit beauftragt.

Der Unterschied zwischen Affiliate-Netzwerken und Inhouse-Partnerprogrammen besteht darin, dass sich der Publisher bei Affiliate-Netzwerken nur einmal anmelden muss und dann Zugriff auf zahlreiche Partnerprogramme aus unterschiedlichen Bereichen hat. Der Vorteil dabei ist, dass auch alle Abrechnungen über alle beworbenen Partnerprogramme über ein Konto laufen und man so seine Einnahmen immer auf einen Blick hat.

Bei den Inhouse-Partnerprogrammen muss man sich immer separat anmelden, jedes Mal seine Zahlungsdaten angeben und hat unterschiedliche Ansprechpartner. Des Weiteren kann es zu Anfang schwierig sein, die Mindestauszahlungsgrenze zu erreichen, da man für jedes Inhouse-Partnerprogramm unterschiedliche Abrechnungen bekommt.

Inhouse-Partnerprogramme haben allerdings auch einige Vorteile. Durch den engen Kontakt zum Merchant, bekommen Publisher häufig individuelle Werbemittel zur Verfügung gestellt. Des Weiteren sind die Provisionen häufig deutlich höher als bei Affiliate-Netzwerken.

Für Einsteiger eignen sich Affiliate-Netzwerke besser, um sich im Affiliate Marketing ein Standbein aufzubauen. Hat man ein gutes Gefühl für die Bedürfnisse der Kunden aufgebaut und mehr Traffic erlangt, sind Inhouse-Programme aber in den meisten Fällen lukrativer.

### Beliebte Inhouse-Partnerprogramme

Als beliebte Inhouse-Partnerprogramme können auxmoney und Tarifcheck24 genannt werden. Wenn du einen eigenen Blog oder eine Website hast, dann kannst du dich sofort beim auxmoney-Partnerprogramm registrieren und dir ein festes Nebeneinkommen sichern, indem du Conversion-optimierte Text-Links oder Werbebanner des Partnerprogramms in deine Website einbindest.

Herzlich willkommen beim auxmoney
Partnerprogramm!

*Quelle: Screenshot*

Aber auch für Affiliates, die noch keine eigene Website oder einen Blog haben, bietet auxmoney eine Möglichkeit zum Geldverdienen an. So kannst du auxmoney auch in sozialen Netzwerken wie Facebook, Google+ oder Twitter empfehlen. Um auf sozialen Netzwerken für auxmoney Werbung zu machen, kannst du entweder deinen persönlichen Affiliate-Link posten oder sogar ganze Banner, die du nach einem erfolgreichen Login unter Werbemittel „Banner, Grafiken & Links" findest, posten. Mit dem auxmoney-Partnerprogramm verdienen die teilnehmenden 8.500 Affiliates im Durchschnitt 285€ im Monat.

Das Tarifcheck-Partnerprogramm kann mit extrem hohen Provisionen, individueller Beratung und innovativ designten Werbemitteln punkten. Die Themen des Partnerprogramms sind vor allem Versicherungen und Finanzen. Tarifcheck24 stellt dir frei, ob du seine Seite über deine Website, über Social Media oder über E-Mail-Marketing bewerben möchtest. Die nötigen Werbemittel stellt dir Tarifcheck24 kostenlos zur Verfügung.

25€ für einen Lead und 50€ für einen Sale sind hier keine Seltenheit. Um dir einen besseren Überblick über die Vergütungen zu ermöglichen, findest du hier eine Auflistung. Die Mindestauszahlungsgrenze beträgt nur 10€ und wird wöchentlich auf das Konto des Affiliates überwiesen.

## ⊕ Fazit:

Wenn du viel Traffic auf deiner Seite hast, solltest du dir die Möglichkeit nicht entgehen lassen, dir mit Affiliate Marketing noch etwas Geld dazu zu verdienen. Melde dich dafür kostenlos bei einem der vorgeschlagenen Programme an. Bei der Auswahl eines Partnerprogramms musst du aber natürlich sicherstellen, dass das Thema des jeweiligen Programms für dich relevant ist und deiner Zielgruppe auch einen Mehrwert bietet. Ist das nicht der Fall, solltest du dich auch nicht bei diesem anmelden, da die Werbung dann nicht targetiert ist und deine Kunden verärgern könnte.

# 05

# Social Media Marketing

Es gibt so viele soziale Netzwerke. Welches ist nun das Richtige? Sollte ich auf verschiedenen Plattformen präsent sein? Und wenn ja, auf welchen? Und macht man mit einem Facebook-Account grundsätzlich alles richtig?

Ich versuche in diesem Abschnitt ein wenig Klarheit zu schaffen und dir eine Übersicht über die relevantesten sozialen Netzwerke zu geben.

## DAS SIND DIE WICHTIGSTEN SOCIAL MEDIA PLATTFORMEN FÜR GRÜNDER

Geht man nur nach den globalen Userzahlen, sieht die Top-Auswahl für die B2C-Kommunikation via Social Media so aus:

•Facebook•Tumblr•Instagram•Twitter•Pinterest•LinkedIn•

Hier eine Empfehlung auszusprechen, ist wie ein Vergleich zwischen Äpfeln und Birnen. Jedes dieser Netzwerke funktioniert nämlich anders und legt den Fokus auf eine andere Kommunikationsform. Außen vor bleiben in dieser Liste auch Google+ und XING. Diese Plattformen sind selbst, ohne unter den 15 Größten zu sein, hierzulande verbreitet genug, um zu den wichtigsten sozialen Netzwerken gezählt zu werden.

## Facebook

Jeder ist bei Facebook. Statista zitiert GlobalWebIndex mit eindeutigen Werten: Mehr als vier Fünftel aller 16 - 36 Jahre alten Internetnutzer weltweit haben einen Facebook-Account. Unter den 35 - 44 Jahre alten Nutzern sind es noch immer über 80% und selbst bei den Usern um die sechzig nutzen immer noch über 69% das soziale Netzwerk.

Daraus folgt, dass Facebook die ultimative Anlaufstelle ist, wenn du die breite Masse erreichen möchtest. Ob Videos, Fotos, animierte Gifs oder geteilte Blog-Beiträge – du kannst alles mit deinen Abonnenten teilen. Ebenso kannst du auch gezielt Gruppen targeten und Beiträge bewerben.

## Google+

Das soziale Netzwerk des Suchmaschinen-Giganten ist weit hinter den Erwartungen zurückgeblieben, sollte aber nicht unerwähnt bleiben. Obwohl sein Durchbruch bis heute auf sich warten lässt, ist es noch immer die größte Facebook-Alternative. Die hohen Nutzerzahlen von Google+ sind nicht zuletzt dem Umstand zu verdanken, dass das Anlegen eines Google+-Accounts bis 2014 Pflicht war, wenn User bestimmte Google-Dienste nutzen wollten. Ein gut gepflegtes Google+-Profil kann den Webauftritt deines Business ergänzen. Mit einem solchen Profil bist du in der SERP präsenter und aufgrund des vergleichsweise niedrigen Interaktionsgrades ist es auch pflegeleicht – was nicht heißt, dass nicht ab und an etwas auf dem Profil passieren sollte.

## Twitter

Twitter ist etwas für alle, die mitmischen wollen. Mit 140 Zeichen und über Hashtags hat man die Möglichkeit, jene Menschen zu erreichen, die einem nicht aktiv folgen. Gründer haben durch ihre Beiträge die Gelegenheit, Teil des aktuellen Diskurses – Stichwort: Trending Topics – zu werden. Twitter kann beim Aufbau und bei der Pflege der eigenen Reputation helfen und einen als Experten hervortreten lassen. Aktualität und Aktivität werden hier groß geschrieben.

## Tumblr

Tumblr ist ein Blogging-Netzwerk, bei dem Inhalte geteilt und mit Hashtags versehen werden können. Und teilen kannst du alles, von hochwertigen vom Profi geschossenen und bearbeiteten Fotos, über Selfies, Videos, Musikstücke bis hin zu Texten und Zitaten. Durch Tags erreichst du hier auch User, die dir nicht unmittelbar folgen, aber auf Tumblr nach entsprechendem Content stöbern. Gute Inhalte werden im Netzwerk in der Regel dadurch belohnt, dass man sie teilt – die perfekten Bedingungen, um viralen Content zu posten. Da Nutzer andere Inhalte in einem langen, scrollbaren Feed zu sehen bekommen, verzeihen sie uninteressante Beiträge eher, als auf anderen Plattformen. Tumblr eignet sich dementsprechend auch gut, um zu experimentieren. Zudem können auch nicht angemeldete User deine Inhalte sehen. Dein Tumblr-Account lässt sich außerdem mit deinem Instagram-Account verknüpfen.

## Instagram

Facebook- und tumblr-kompatibel und für die mobile Nutzung gedacht, bietet Instagram eine gute Möglichkeit, mit Bildern auf sich aufmerksam zu machen. Das können Produktfotos sein oder Bilder, die deinen Arbeitsalltag und -prozess dokumentieren oder mit Bildern hinterlegte Inspirationssprüche. Das quadratische Format ist ein wenig eigenwillig, aber die App punktet mit integrierter Bildbearbeitung, die es selbst Fotolaien ermöglicht, etwas Ästhetik aus ihren Schnappschüssen zu kitzeln. Auch hier wird mit Hashtags gearbeitet.

## Pinterest

Bei Pinterest werden ebenfalls Bilder und Fotos geteilt. Die Plattform erlaubt es, Bilder zu liken und zu repinnen, also über seinen eigenen Account zu teilen. Wenn du ein Produkt anbietest, das sich vor der Kamera gut in Szene setzen lässt, ist Pinterest eine Option. Gleiches gilt für einen fotogenen Arbeitsprozess oder Arbeitsplatz. Beliebt ist Pinterest auch bei Online-Shops, die ihre Kundschaft hier mit Bildern inspirieren. Als digitaler Modekatalog ist Pinterest vor allem bei weiblichen Usern beliebt, die einen

Großteil der Nutzer ausmachen. Das Netzwerk erlaubt es Außenstehenden nur bedingt auf Inhalte zuzugreifen. Angemeldet sind weltweit jedoch 100 Millionen Nutzer. Die Hälfte davon ist in den USA ansässig.

## XING

An dieser Stelle wären wir bei den Netzwerken für den B2B-Kontakt angelangt. Wenn du Kontakt zu KMUs (Kleine und mittlere Unternehmen) im deutschsprachigen Raum suchst, ist XING das richtige Netzwerk.

## LinkedIn

Umgekehrt ist LinkedIn die Plattform für die internationale B2B-Vernetzung. Größere Unternehmen sind hier eher anzutreffen.

## WELCHES SOZIALE NETZWERK DU WÄHLEN SOLLTEST

Natürlich ist es auch wichtig herauszufinden, ob die Zielgruppe überhaupt auf der jeweiligen Plattform anzutreffen ist. Zum Beispiel zeigt die Social Media-Expertin Olsy Sorokina in einem umfassenden Vergleich sozialer Fotonetzwerke unter anderem, dass Instagram tendenziell ein jüngeres Publikum bedient als Pinterest und Tumblr.

Unabhängig davon solltest du dich fragen, welche Form von Content du mit welcher Häufigkeit teilen willst oder kannst. Ich habe hierzu einen Flowchart erstellt, der dir die Entscheidung für ein oder mehrere soziale Netzwerke erleichtern soll.

Am Ende entscheidet man sich selten für nur eine Plattform, sondern nutzt in der Regel mehrere soziale Netzwerke parallel oder ergänzend oder verschaltet unterschiedliche Accounts, wie etwa Facebook und Instagram, miteinander.

Allerdings helfen Tools dir, Zeit zu sparen und den Überblick zu behalten, indem sie dir das tägliche Abklappern all Deiner So-

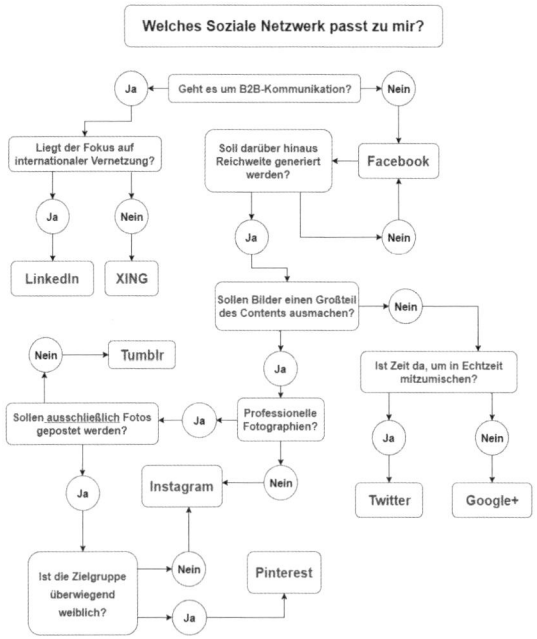

© *gruender.de*

cial Media-Präsenzen abnehmen. Das beliebteste dieser Tools ist Hootsuite. Es wird innerhalb deines Browsers geöffnet und erlaubt dir, auf mehreren Kanälen gleichzeitig zu posten. Nützlich ist auch der dazugehörige Shortener, der es dir ermöglicht, URLs auf eine handhabbare Länge zu kürzen und die Klicks auf den Link zu tracken. Alternativen sind zum Beispiel Sprout Social, Kuku und Social Pilot.

## ➕ Zusammenfassend:

Es gibt eine Vielzahl sozialer Netzwerke. Allerdings ist nur eine Handvoll davon auch im deutschsprachigen Raum verbreitet und groß genug, um für Gründer relevant zu sein. Wenn du beschließt, deine Reichweite mit Social Media zu erhöhen, solltest du dich zuvor fragen, welche Art von Content du bietest und ob deine Zielgruppe auch dort ist, wo du dann aktiv bist. Mit Facebook machst du eigentlich nichts falsch, aber weitere Accounts können deinen Web-Auftritt sinnvoll ergänzen.

Du solltest dabei immer bedenken, dass jedes Netzwerk seine Eigenheiten hat und für bestimmte Dinge besonders gut geeignet ist. So ist zum Beispiel Pinterest ein Netzwerk, um potenzielle Kunden bzw. Kundinnen zu inspirieren. Hochwertige Produktfotos sind hier essentiell, während bei Tumblr für Nutzer uninteressante Inhalte einfach „überscrollt" werden und Instagram dir mit seinen unterschiedlichen Filtern und seinem Einheitsformat unter die Arme greift.

Viele Social Media-Plattformen sind miteinander kompatibel, sodass Inhalte aus einem Netzwerk unkompliziert in einem anderen zugänglich gemacht werden können. Auf Profi-Level arbeitest du jedoch mit Social Media-Managing-Tools wie Hootsuite oder Kuku.

## WIE DU IN KÜRZESTER ZEIT AUFMERKSAMKEIT GENERIEREN KANNST

In diesem Abschnitt möchte ich dir zeigen, wie du schnell und einfach die Aufmerksamkeit deiner Social Media-Kontakte auf von dir gewählte Themen oder Webseiten lenken kannst.

„Umfrage" lautet das Zauberwort – und dieses Tool kann dir gleich mehrere Ergebnisse liefern.

Zum Einen generierst du natürlich einen enormen Aufmerksamkeitsschub bei deinen Kontakten und zum Anderen kann dir das Ergebnis der Umfrage helfen, dein Unternehmen oder dein Projekt in eine kundenorientierte Richtung zu lenken.

**Dazu möchte ich dir unser Beispiel vorstellen:**

Vor einiger Zeit habe ich auf der Facebook-Fanpage von Gründer.de und meinem XING-Profil Umfragen gestartet.

Die Frage, der ich mich widmete, lautete: „Über welches Thema möchten Sie noch mehr in unserem Blog lesen?"

Ich habe diese Frage gleich aus mehreren Gründen gewählt. Ich konnte darüber mein kurzfristiges, primäres Ziel, mehr Aufmerksamkeit auf meinen Blog zu ziehen, erfolgreich umsetzen. Des Weiteren habe ich in Bezug auf die mögliche zukünftige Gestaltung meines Blogs wertvolle Informationen von meinen Kontakten erhalten – langfristig liefern mir diese Informationen sicherlich den größten Nutzen.

**Und so sah mein Ergebnis aus:**

*Quelle: Screenshots*

Für mich bedeutete dieses Ergebnis, dass ich in Zukunft noch mehr Beiträge zum Social–Media-Marketing veröffentlichen werde, da diese Rubrik in beiden Umfragen klar vorn lag.

**Wie erstellt man eine Umfrage?**

Eine Umfrage bei XING oder Facebook ist mittlerweile sehr einfach zu erstellen, da die Funktion fester Bestandteil der Tool-Palette beider Plattformen ist. Auf XING musst du lediglich auf dein persönliches Profil gehen und dann den Button „Aktivitäten" anklicken. Unter deinen Profilangaben steht nun das Feld, in dem du Posts, wie beispielsweise Links zu anderen Websites, veröffentlichen kannst und in diesem Feld, auf der rechten Seite, befindet sich der Button „Umfrage".

Wenn du diesen drückst, dann musst du dir nur noch eine gute Frage ausdenken und Antwortmöglichkeiten angeben und schon steht deiner Umfrage nichts mehr im Wege.

**Ganz ähnlich gehst du auch auf Facebook vor:**

Du loggst dich zunächst ein und gehst dann auf die von dir erstellte Fanpage. Auf der rechten Seite des Feldes, in dem du Posts veröffentlichen kannst, findest du die Rubrik „Angebote, Veranstaltungen +". Wenn du diesen Button anklickst, öffnet sich ein weiteres Feld.

Jetzt musst du ganz unten auf „Frage" klicken und schon kannst du mit der Bearbeitung deiner Umfrage starten. Ganz wichtig ist, dass du deine Frage klug stellst, denn je „langweiliger und unattraktiver" die Frage, desto weniger Leute werden sich auch an deiner Umfrage beteiligen.

Du musst also versuchen, deinen Lesern das Gefühl zu geben, dass sie mit der Beantwortung deiner Umfrage aktiv mitbestimmen können und sich dadurch potenziell ein Nutzen für sie ergibt.

Zusammenfassend kann man also sagen, dass die Funktion

„Umfragen" dir wirklich gute Dienste leisten kann und auf den in Deutschland wohl größten Social Media-Plattformen, XING und Facebook, wirklich leicht zu bedienen ist. Auch Google+ und LinkedIn verfügen über eine nutzerfreundliche Umfrage-Option.

## DAS POTENZIAL VON INSTANT-MESSAGING-MARKETING - IN DIESEM BEREICH SIND WIR LATE ADOPTER

© CC0 Public Domain / pixabay.com

Beim Schlagwort „Social Media" denkst du, wie die meisten von uns, sicher daran Inhalte mit vielen über Facebook, Twitter und Instagram zu teilen. Du denkst wahrscheinlich weniger an den privaten Chat zu zweit oder in der Gruppe. Dabei werden auch Dienste wie der Facebook Messenger, WhatsApp und Snapchat zu den sozialen Netzwerken gezählt. Und das zurecht, ermöglichen sie doch Milliarden von Usern weltweit, sich zu vernetzen und auszutauschen. Der Markt in diesem Segment wächst rasant.

Social Media Marketing sieht bei Instant-Messaging-Diensten allerdings anders aus als auf Plattformen vom Typ Facebook. Mit IM-Diensten bist du mobil und in Echtzeit dabei. Mehrwert bietest du Usern hier, indem du dich kurz fasst, dich also auf die wesentlichen Punkte beschränkst. Es heißt zwar noch immer „WhatsApp-Newsletter, aber mit einem Brief (Letter) hat diese Form der Message nicht mehr viel gemeinsam.

Wie es aussieht, wenn das volle kommerzielle Potenzial von IM ausgeschöpft wird, zeigt sich am Beispiel WeChats in China. Das soziale Netzwerk aus dem Hause Tencent ist mit über 600 Millionen Usern das Fünftgrößte weltweit. Im Hinblick auf Chat-Optionen steht es WhatsApp in nichts nach. Versendet werden Textnachrichten an einzelne oder mehrere Empfänger. Möglich sind unter

*Quelle: Wikimedia Commons*

anderem auch Gruppen-Chats, Sprachnachrichten und Videoanrufe sowie das Versenden von Standortangaben. Anders als bei anderen Instant-Messaging-Diensten, gibt es bei WeChat auch Apps zur App, die den Dienst zum Interface für den Alltag in der Mobile-First-Welt machen.

In den letzten Jahren ist WeChat zum festen Bestandteil des Alltags vieler Chinesen und Unternehmen geworden. WeChat ist als Verkaufsplattform und Schnittstelle mit dem Konsumenten derart relevant, dass Unternehmen oft erst einen WeChat-Account eröffnen und dann eine Website. WeChat-User kaufen über die Plattform ein, bezahlen damit Rechnungen, einschließlich der Stromrechnung, vereinbaren Arzttermine oder benutzen sie unter anderem, um Taxis zu rufen. Durch seine Verbreitung ist WeChat für Startups die ideale Teststrecke, um ihre Apps dort zu testen, bevor sie alleinstehende Anwendungen herausbringen.

Verglichen damit sind wir im Westen Late Adopter (Nachzügler). Erst Anfang 2016 erklärte WhatsApp-Gründer Jan Koum, die App solle in naher Zukunft auch als Mittel zur B2C-Kommunikation dienen. Und auf der F8 im selben Jahr, der Facebook Developer Conference, kündigte Mark Zuckerberg an, den kommerziellen Gebrauch des Facebook Messengers verstärkt mit Bots zu unterstützen. Der Facebook-Gründer veranschaulichte das Konzept, indem er seine Zuhörerschaft durch den Messenger-Kaufprozess von 1-800-Flowers führte (siehe: https://youtu.be/Fy_ne5KdGOI).

**Instant-Messaging-Marketing ist Permission-Marketing**

Einer der Vorteile von Shopping-Bots sei, so Zuckerberg, der Umstand, dass Kunden in einem Verkaufsgespräch über den Facebook Messenger nicht im selben Maße eingebunden seien, wie während eines Telefonats. In einer Zeit, in der die Aufmerksamkeitsspanne immer kürzer und am Smartphone viel nebenbei erledigt wird, ist das definitiv ein Pluspunkt.

Ein anderer Vorteil, den IM-Dienste als Kanal zum Kunden bieten, ist jedoch auch, dass Interessierte das Unternehmen gezielt auf dem jeweiligen Messenger adden müssen. Hier gibt es unter anderem Widgets, um den Opt-in-Vorgang zu unterstützen. Es bekommt also niemand, der kein Interesse bekundet hat, Messages. WhatsApp, der aktuell größte Dienst nach dem Facebook Messenger, legt großen Wert darauf, spam- und werbefrei zu bleiben.

Diese Politik verfolgt er, indem er Nummern, die gegen seine Nutzungsbedingungen verstoßen, weil sie eben Spam oder Werbung versenden, unwiderruflich löscht. Hier führt also kein Weg am Einverständnis des Users vorbei.

IM-Newsletter landen aus diesem Grund auch nicht wie ein Großteil aller E-Mail-Newsletter ungelesen im Spam-Ordner und dem Unternehmen wird so eine zur Kenntnisnahme seiner Inhalte garantiert. Hierfür müssen die Kunden jedoch Vertrauen in dich haben. Sie wollen sicher gehen, dass ihre Nummer bei dir in guten Händen ist und du sie nicht an Dritte weitergibst.

**Instant-Messaging-Marketing ist vielseitig**

Die Interaktion zwischen Zielgruppe und Unternehmen beschränkt sich beim IM-Marketing allerdings nicht nur auf Newsletter und Shopping Bots.

Bereits ein implementierter WhatsApp-Button, der es ermöglicht, Content von der eigenen Webseite unkompliziert über die App zu teilen, hilft dir, auch in diesem sozialen Netzwerk präsenter zu werden.

Wo die Richtlinien aktives Werben verbieten, läuft Marketing über die Beziehungspflege zum Kunden, über Information und Beratung. Das kann so aussehen, dass du deinen Kunden über IM für Rückfragen zur Verfügung stehst. Mit den häufig gestellten Fragen kann theoretisch ein entsprechend abgerichteter Bot betraut werden. Allerdings sollte auch dann jemand bereit stehen, um sich im Zweifel als menschlicher Ansprechpartner in den Chat einzuklinken. So vielseitig Bots auch einsetzbar sind, so können sie doch einen Gesprächspartner mit intuitivem Sprachverständnis und gesundem Menschenverstand nicht ersetzen.

Einer der Vorteile des Kundenservices via IM ist, dass die Kommunikation in Echtzeit ebenso möglich ist, wie ein asynchroner Austausch von Informationen. Sicher hat jeder von uns sich schon über verpasste oder ungelegene Anrufe von Dienstleistern geärgert. Kundensupport über Messaging-Dienste kann so etwas verhindern, sofern die Reaktionszeiten auf der Anbieterseite stimmen.

## Beispiel 1: Zalon

Ein gutes Beispiel für eine Verbindung aus Affiliate-Marketing, Beratung und IM ist der WhatsApp-Dienst Zalon. Der Kunde hat hier die Option über WhatsApp Kontakt zu einem von Zalons Stylisten aufzunehmen. Diese sind freie Mitarbeiter, die auf Provisionsbasis Outfits zusammenstellen. Dabei stammen die modebewussten Kombinationen allesamt aus dem Fundus des Mode-Giganten Zalando.

Das Stylisten-Team beantwortet aber auch allgemeine Fragen rund um Mode und Stil. Für alle, die beim Online-Shopping das persönliche Gespräch mit Verkäufern vermissen, ist Zalon eine attraktive Anlaufstelle. Die Aussicht darauf, online mit einem eigenen Personal Shopper zusammengebracht zu werden, ist sowohl für Menschen mit Entscheidungsproblemen in Sachen Kleidung, als auch für alle, die einen Hang zur Exklusivität haben, verlockend.

## Beispiel 2: Messages vom Bistum

Als wahrscheinlich ältestes Unternehmen der Welt nutzt auch die Katholische Kirche streckenweise WhatsApp. Am Beispiel des Erzbistums Essen wird klar, dass Storytelling und IM gut zusammenpassen und dass auch 2000 Jahre alte Geschichten sich mit den neuen Medien erzählen lassen. Das Bistum Essen nämlich benutzte den Messaging-Dienst, um seinen Abonnenten auf WhatsApp die Ostergeschichte und ein paar Monate später auch die Weihnachtsgeschichte in Echtzeit zu erzählen. Gewählt wurde ein intermedialer Ansatz, bei dem Bilder den Text ergänzten und den Nachrichtenfluss auflockerten.

Den klassischen IM-Newsletter indessen bietet das Bistum Würzburg für WhatsApp und den russischen Dienst Telegram an. Abonnenten erhalten hier über den Tag verteilt Neuigkeiten sowie kurze „Glaubensimpulse" in Form von Bildern, Videos oder Sprachnachrichten. – Das Bistum Würzburg hat definitiv verstanden, was mit „Inspiriere deine Zielgruppe!" gemeint ist.

## Beispiel 3: IM und die (alten) Medien

Das Web 2.0 brachte eine Beschleunigung der Nachrichtenströme mit sich – in dem Maße, dass wir das Gefühl haben, dass die Print-Versionen von Tagesblättern spät dran sind, wenn sie die wichtigen Ereignisse des vorherigen Abends erst am nächsten Morgen besprechen. Während der Geschehnisse in den letzten Monaten zeigte sich, dass Netizens im Krisenfall derart hungrig nach Neuigkeiten sind, dass sie in den sozialen Netzwerken bereits eigene Interpretationen des Geschehens austauschen, bevor gesicherte Erkenntnisse vorliegen.

Die etablierten Medien versuchen mit täglich mehrmals aktualisierten Online-Portalen, eigenen Apps, Push-Nachrichten und auf allen Social Media-Kanälen nachzuziehen. Um jetzt-sofort-ganz-nah-und-immer-dabei zu sein, experimentieren sie auch mit Instant Messaging.

So nutzt der Nachrichtensender N24 WhatsApp seit März 2015 zur Übermittlung von Eilmeldungen. Im Januar 2016 startete

Bild.de jeweils Live-Ticker für die Bundesliga und für das Dschungelcamp über Facebook Messenger.

Während der Ebola-Krise 2014 hielt der britische Sender BBC 25.000 Menschen in West Afrika in Sachen Seuchenschutz auf dem Laufenden. Nach dem Erdbeben in Nepal im April 2015 half der Sender nicht nur mit einem Radio-Notprogramm, sondern auch mit dem BBC Nepali Public Chat über den IM-Dienst Viber, wo versucht wurde, Betroffene mit (über-)lebenswichtigen Informationen zu versorgen. Die Zeitung The Guardian nutzt WhatsApp auch in die andere Richtung. Sie lässt sich darüber von Nutzern Stories zuspielen. Ende 2015 experimentierte sie auch mit dem Live Chat, um die Präsidentschaftsdebatte bei den US-amerikanischen Republikanern zu begleiten.

Wenn es um die schnelle Übermittlung von potenziell lebensrettenden Informationen geht, um Straßen-Journalismus, Live-Schaltungen 2.0 oder Infotainment, sind IM-Dienste eine gute Ergänzung zum Online-Programm diverser Medienhäuser. Eingeschränkt wird dieses Potenzial allerdings unter anderem durch die Höchstmenge an zuschaltbaren Kontakten bei WhatsApp. Auch stellt sich die Frage, wie IM-affin das in der Regel ältere Publikum von Nachrichtenseiten bzw. Zeitungen ist.

### IM-Marketing für Gründer

Dein Gründerplan besteht möglicherweise nicht darin, dein eigenes kleines Medienimperium hochzuziehen oder ein Team von Personal Shoppern 2.0 zu koordinieren. Das macht aber nichts. WhatsApp-Broadcast-Listen & Co. können auch dir nutzen, wenn Instant-Messaging-Dienste zum Leben deiner Zielgruppe gehören. Den Anfang kann der bereits oben erwähnte Button bilden, mit dem sich Content via IM teilen lässt. Das ist natürlich umso interessanter, wenn dieser Content viral ist.

Ein weiterer Schritt ist das Einrichten eines IM-Newsletters. Hier kannst du Abonnenten auf frische Blog-Beiträge oder auf neue Produkte aufmerksam machen. Wo dich die Richtlinien am aktiven Werben hindern, kannst du immer noch auf einen Artikel, in dem etwa neue Produkte vorgestellt werden, linken. So informierst du auch, statt einen spammy Eindruck zu hinterlassen. Lies dir die Nutzungsbedingungen vorher am besten genau durch, um zu wissen, welche Möglichkeiten dir bei welchem IM-Dienst offen stehen.

Und wäre Instant Messaging nicht eine gute Möglichkeit, eine Crowdfunding-Kampagne zu begleiten? Die emotionale Bindung der Beitragenden zu Produkt und Projekt ist hoch. Dementsprechend wichtig ist es, für Transparenz zu sorgen und sie über Fortschritte in der Finanzierungs- und in der sich hoffentlich anschließenden Entwicklungsphase auf dem Laufenden zu halten. Um den IM-Kontakt zur Zielgruppe zu pflegen, sind Tools wie WhatsBroadcast hilfreich.

Hier kannst du mit einer eigens für deinen Business-Account zur Verfügung gestellten Nummer vom Rechner aus Newsletter für WhatApp, den Facebook Messenger, Telegram und Insta planen und verschicken. Gegen einen Aufpreis gibt es einen Bot, der dir das Versenden automatisierter Antworten erlaubt.

Auch wenn du beschließen solltest, alles in Handarbeit zu erledigen, ist die Broadcast-Funktion von WhatsApp das Mittel der Wahl. Bei den Empfängern kommt hier nämlich kein Hinweis an, dass du dieselbe Nachricht auch an bis zu 255 andere Kontakte in der Broadcast-Liste geschickt hast. Du kannst also Nachrichten versenden, die den Eindruck erwecken, individuelle Anschreiben zu sein (siehe: https://youtu.be/clT56rF6f_A).

## ➕ Zusammenfassend:

Verglichen mit China steckt Instant-Messaging-Marketing hierzulande noch in den Kinderschuhen. Es existieren jedoch bereits diverse Ansätze und Tools, um es für die B2C-Kommunikation zu nutzen. Seitdem die Gründer hinter den beiden weltweit größten IM-Diensten ankündigten, ihre Nachrichten-Apps verstärkt für die geschäftliche Nutzung zu öffnen, scheint sich relativ wenig getan zu haben. Andererseits ist ein entsprechender Button schnell auf deiner Seite implementiert und gibt dir damit die Gelegenheit, nah und in Echtzeit an deiner Zielgruppe dran zu sein und den persönlichen Kontakt mit ihr zu pflegen. Wo Menschen vor allem von ihren Smartphones aus ins Internet gehen, ist die Kommunikation über Instant Messaging auf jeden Fall eine zeitgemäße Art, Kontakt zu halten – auch zu Kunden und Interessenten.

## SOCIAL MEDIA GEKONNT EINSETZEN: DIESE 3 DEUTSCHEN UNTERNEHMEN HABEN'S RAUS

Social Media ermöglicht es dir, dort zu sein, wo deine Zielgruppe ist. Allein in Deutschland nutzen 19 Millionen Nutzer und Nutzerinnen Facebook täglich. 12 Millionen Deutsche lesen monatlich mindestens einen Tweet und 5,5 Millionen sind aktive Instagram-User. Auf der anderen Seite nutzt nur ein Viertel aller Unternehmen hierzulande die sozialen Netzwerke. Dementsprechend steckt in Social Media noch einiges an Potenzial. Eine Nische für dich und dein Business ist definitiv noch frei.

Allerdings solltest du schon mehr tun, als nur einen Account pro Plattform anzulegen und dann auf Follower zu warten. Im Idealfall bildet die jeweilige Social Media-Präsenz eine Schnittstelle zwischen deinem Unternehmen und deiner Zielgruppe. Dabei geht es um viel mehr, als Kontakte zu sammeln und diese dann mit Werbung zu überschütten.

Auch in Sachen Social Media ist es gut, auf das Auftreten und die Strategien der Konkurrenz zu schauen. Ebenso ist der Blick über den Tellerrand in Richtung anderer Branchen und größerer Unternehmen aufschlussreich. Diese Unternehmen machen dir im deutschsprachigen Web vor wie es geht und was alles geht:

### IKEA Deutschland – Knut, Kommentare, Kundennähe

Als Anfang 2015 die Fan-Zahlen stagnierten und die Anzahl der Interaktionen auf der Seite zurückging, ergriff IKEA Deutschland erfolgreich Maßnahmen, um den Trend umzukehren. Im Frühjahr 2016 war die deutsche Facebook-Seite des Möbelriesen dann um 260.000 Fans reicher, und bekam über 50 % mehr Likes und Kommentare. Die Facebook-Offensive führte auch zu 51 % mehr Weiterleitungen zu ikea.de.

Wie das gelang? Mit einer bunten Mischung aus ansprechenden Produktfotos, lustigen (Werbe-)Videos, selbstironisch-witzigen und teils auch animierten Grafiken, geteilten IKEA-Blog-Einträgen und Infos rund um Sonderaktionen, wie dem Tag des Purzelbaumes, dem alljährlichen Knut-Schlussverkauf oder Bällebadspaß für Erwachsene.

Im Mittelpunkt steht auf IKEAs Facebook-Seite die Interaktion mit der Zielgruppe. Likes stellen dabei nur eine Dimension dar, denn IKEA reagiert schnell und individuell auf Nutzerkommentare. Das Spektrum reicht dabei von

*Am 21.10.2015 war „Back to the Future Day", IKEA bewies Humor und Popkultur-Kompetenz und widmete dem Kultfilm „Zurück in die Zukunft" eine Anleitung. – Quelle: Screenshot*

freundlicher Zustimmung bei humoristischen Einwürfen bis hin zu sachlichen und freundlichen Stellungnahmen bei kritischen Wortmeldungen und gelegentlichem Kunden-Support. Zwischen dem auf Unterhaltung und Vermarktung ausgelegten Content finden sich auch immer wieder Informationen über Rückrufaktionen. IKEA zeigt hier, wie Facebook zur Kommunikation dienen kann und wie Probleme nach außen transparent und kundenorientiert gehandhabt werden können.

IKEA profitiert auf Facebook eindeutig davon, dass der Konzern in den Papkultur-Kanon eingegangen ist. Immerhin wurde der IKEA-Katalog öfter gedruckt als die Bibel, Kunden weltweit verbringen teils gezwungenermaßen und teils auch gerne wertvolle Lebenszeit in den Möbelhäusern der Kette und das Möbelanschaffen und -aufbauen ist eine Art Ritual geworden. Man fühlt mit jedem anderen IKEA-Kunden mit, dem mal eine Schraube fehlt oder der in der Markthalle mehr mitnimmt, als eigentlich vorgesehen war. IKEA Deutschland bringt seine Kundschaft auf Facebook zusammen, unterhält und informiert sie.

## REWE Karriere – Auf zu neuen Ufern

Die Rewe-Group ist auf Facebook mit einer Hauptseite, mehreren Karriere-Plattformen und REWE-Lokalpräsenzen vertreten. Außerdem präsentiert sich der Kölner Konzern auf Google+, Twitter und YouTube. Ein Großteil des Contents besteht, wie bei einem Supermarkt zu erwarten, aus Rezeptideen und Food-Fotografie. So weit, so gut, so professionell.

*Quelle: Screenshot*

Nennenswert ist REWE, weil es sich in Sachen Employer Branding als eines der wenigen großen, deutschen Unternehmen an Snapchat herangewagt hat. Das ist zum einen innovativ, zum anderen aber genau der richtige Schritt, um die immer knapper werdenden potenziellen Azubis zu erreichen. Snapchat ist nämlich DIE junge Plattform von Millennials für Millennials.

Um nun als Arbeitgeber auf sich aufmerksam zu machen, ließ REWE die Azubis Doris und Dominik zu unterschiedlichen Gelegenheiten seinen Snapchat-Account übernehmen. Nutzer konnten die beiden dann durch die Schicht begleiten und später auch Fragen stellen.

## dm – #neubeidm

Die Drogeriekette dm bespielt alle relevanten Social Media Kanäle (sowie Snapchat) und ist das deutsche Unternehmen mit den meisten Instagram-Follo-wern. Über 1 Millionen Menschen folgen dm auf der sozialen Foto-Plattform – und das obwohl dort fast ausschließlich Werbe-fotografien gepostet wer-den. Was dm dabei richtig macht? Es lässt die Bilder

*Quelle: Screenshot*

für sich sprechen und vor allem professionell schießen. Wer sich den Instagram-Account des Drogeriekonzerns ansieht, erlebt das gleiche, wie beim Blättern einer Modezeitschrift und wird gleich-zeitig interaktiv eingebunden. Relevanz bekommen die Bilder durch ihre auf das Quadratformat angepasste Ästhetik und den Neuigkeitswert. Der Trick dabei ist, dass Low-Budget-Beauty hier mit denselben Mitteln verkauft wird, wie die namhaften und teu-ren Branchenvertreter. Die Zielgruppe dms ist jung, trendorien-tiert und kauft offenbar auch ein, weil es ihr Spaß macht.

Die Präsentation allein wirkt wie ein Call-To-Action, begleitet werden die Fotos von den obligatorischen Hashtags, passend zu den aktuellen Anlässen und gelegentlichen Mitmach-Aktionen in Form von Fragen an das Publikum, Fotoaktionen und Gewinn-spielen.

**Was Du aus diesen Beispielen lernen kannst**

Ein gelungener Social Media-Auftritt ist wie ein Kunstwerk: Man empfängt die Message, sieht aber nicht, wie viel an Vorüberle-gung und Handwerk dahinter steckt. Weiß man, worauf man achten muss, lässt sich eine Art Konstruktionsplan erkennen.

Alle drei oben genannten Unternehmen

- kennen und pflegen ihr jeweiliges Image
- kennen ihre Zielgruppe
- spielen ihrer Zielgruppe regelmäßig für sie relevante Inhalte zu
- legen den Fokus auf die Interaktion mit der Zielgruppe

Der Content ist immer einmalig und auf die jeweiligen Adressaten zugeschnitten und bietet auch dadurch Mehrwert, dass er aktuell ist. Ob es nun um die Midsommar-Verkaufsaktion bei IKEA, die für Snapchat typischen kleinen Zeitfenster, in denen Inhalte abrufbar sind, oder den neuen Nagellack in diversen Trendfarben bei dm geht, die Unternehmen vermitteln uns über Social Media das Gefühl, in Echtzeit dabei zu sein.

Die jeweiligen Social Media-Plattformen werden dabei nicht nur benutzt, um Content in nur eine Richtung hinauszublasen, sondern auch, um mit der Zielgruppe in Kontakt zu treten. Es geht nicht unbedingt darum, über Social Media Verkäufe an Land zu ziehen. Die sozialen Netzwerke helfen dir vielmehr, deine Bekanntheit zu steigern und eine Beziehung zu deinen Kunden und Interessenten aufzubauen. Wenn jemand dein Fan wird, weil er oder sie von deinen Posts unterhalten und informiert werden will, erhöht sich die Wahrscheinlichkeit, dass dieser User bei Bedarf bei dir kauft oder dich an jemanden weiterempfiehlt. Dabei sein ist hier deshalb nicht alles. Als Social Media-Motto wird es auch niemanden glücklich machen, es gibt nämlich nur wenige Dinge die schlimmer sind, als seinen Account zu vernachlässigen und User wissen zu lassen „Hier hat sich seit 3 Jahren nichts oder nur sehr, sehr wenig getan."

Werde daher im Rahmen der Eigenheiten der jeweiligen sozialen Plattform kreativ! Deine Fans oder Follower freuen sich, wenn sie interaktiv eingebunden werden. Hierzu sind Umfragen ein gutes und einfaches Mittel. Du kannst den an deinem Unternehmen Interessierten aber auch allgemeine Fragen stellen. Sie zum Beispiel beim Posten eines Beitrags nach ihrer Meinung zum Thema fragen.

Eine gute Idee sind auch gelegentliche Gewinnspiele, wobei du hier aufpassen musst, nicht zu spamy zu wirken („Teile Diesen Beitrag, um XY zu gewinnen!"). Benutze Analyse-Tools auch, um herauszufinden, wann, ob und wie du deine Social Media-Strategie optimieren kannst.

Nun handelt es sich bei allen drei ausgewählten Beispielen um Konzerne mit Kapital, das durchaus auch in professionelle Produktfotografie, Food-Fotografie und Videos fließt. Aber auch Bootstrapper mit geringen Ressourcen haben die Chance, gutes Social Media Marketing zu betreiben. Sie haben sogar den Vorteil, dass die Kommunikationswege innerhalb des Unternehmens entsprechend kurz sind, sodass, wer auch immer sich um die Social Media Accounts kümmert, in der Regel gut informiert ist. Seinem Unternehmen nicht nur ein Image, sondern auch ein Gesicht zu geben, wird dadurch einfacher. Wenn eine emotionale Bindung zum Unternehmen bzw. zur Marke aufgebaut werden soll, bietet das Gefühl, persönlichen Kontakt zu den Köpfen hinter dem Konzept zu haben, einen entscheidenen Mehrwert. Viel muss das nicht kosten. Nicht zuletzt wurde Instagram schließlich so programmiert, dass auch Laien schöne Fotos posten können. Wenn dein Produkt nicht so fotogen ist, wie eine Lidschattenpalette, so kannst du deinem Unternehmen vielleicht durch Bilder und kurze Videos vom Arbeitsplatz oder -prozess ein Gesicht geben.

## ⊕ Zusammenfassend:

Von den gelungenen Social Media-Strategien anderer kannst du viel lernen. Das gilt auch, wenn die entsprechenden Unternehmen in einer anderen Größenordnung und in anderen Branchen unterwegs sind als du. Social Media hat den Vorteil, dass du mit relativ wenig Geld, viele Menschen erreichen kannst. Nutze diesen Umstand, stelle dich deiner Zielgruppe vor, gib deinem Unternehmen wortwörtlich ein Profil und begeistere deine Fans und Follower mit deinen Inhalten!

---

### INFLUENCER-MARKETING: SO FINDEST UND GEWINNST DU INFLUENCER FÜR DEIN UNTERNEHMEN

---

Influencer-Marketing ist in Zeiten des Social Media ein wertvolles Element im digitalen Marketing und zurzeit eines der Schlagwörter in der Werbebranche. Es ist eine Marketing Strategie, bei der sich Unternehmen den Einfluss und die Reichweite wichtiger Influencer (zu Deutsch: Meinungsmacher) zu Nutze machen. Diese Meinungsmacher werden in ihrer Community als Experten oder Vorbilder angesehen und besitzen eine so hohe Glaubwürdigkeit

---

und Reputation, dass sie die Entscheidungen ihrer Follower positiv beeinflussen können. Sie können deinem Unternehmen oder deiner Agentur mehr Reichweite verschaffen, visuell ansprechende Inhalte erstellen und im besten Fall für beeindruckende Absatzzahlen durch ehrliche Empfehlungen sorgen. Aus diesem Grund sind Influencer besonders für positive Bewertungen und Beurteilungen von Produkten, Dienstleistungen, Marken und Unternehmen heiß begehrt.

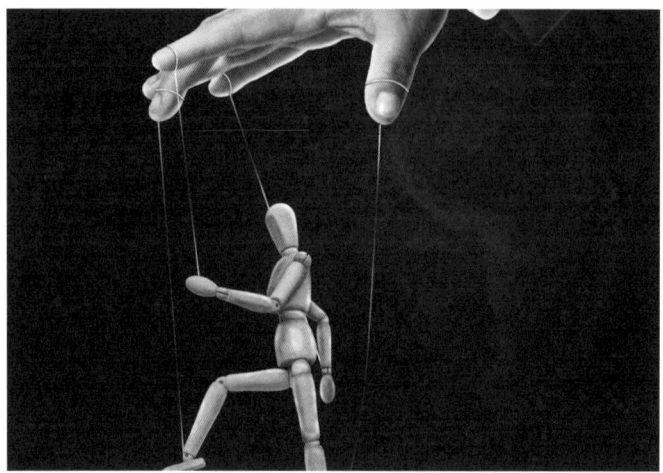

© CC0 Public Domain / pixabay.com

Bis Influencer allerdings positive Bewertungen im Auftrag eines Unternehmens abgeben, ist es ein weiter Weg, denn die Gewinnung eines Meinungsmachers ist meist nicht einfach. Lass dich davon aber nicht abschrecken, denn Influencer-Marketing gewinnt an Bedeutung und hat vielen Unternehmen und Marken bereits zu größerer Bekanntheit und mehr Erfolg verholfen.

Ich stelle dir hier die wichtigsten Tools vor, die dir bei der Suche nach den für dich geeignetsten Influencern helfen können und gebe dir Tipps, wie du bei der Kontaktaufnahme zu Meinungsführern vorgehen solltest, um sie für dein Unternehmen zu gewinnen.

### Wer eignet sich als Influencer?

Influencer sollen als Markenbotschafter fungieren und müssen deshalb über eine hohe Reichweite, Relevanz und Anerkennung in ihrer Community verfügen. Damit sich jemand für dich als Influencer aber wirklich eignet, sollte er außerdem die gleiche Zielgruppe wie du ansprechen. Hohe fachliche Kompetenzen sowie eine Passion für themengleiche- oder ähnliche Bereiche stellen weitere wichtige Qualifikationen und Eigenschaften für den richtigen Influencer dar.

## Blogger

Einflussreiche Blogger sind als Influencer gut geeignet, da sie in der Regel über viele treue Leser und Abonnenten verfügen, die die Blog-Beiträge regelmäßig kommentieren, liken und teilen. So gewinnen Beiträge schnell an Reichweite. Blogger schmücken Produkte, Dienstleistungen oder Marken außerdem oft mit interessanten Geschichten (Storytelling) z. B. in Form von Erlebnis- oder Erfahrungsberichten aus, die einen starken Empfehlungscharakter aufweisen. Blog-Beiträge verleihen einem Produkt somit eine gewisse Glaubwürdigkeit und Lebendigkeit.

## Social Media Influencer

In den sozialen Medien gibt es immer wieder Personen, die als Vorbilder angesehen werden und denen viele Menschen folgen. Diese Social Media Influencer oder Celebrities erhalten meist viel Resonanz von ihren Followern auf ihre Posts, die sich in Form von Likes, Shares oder Kommentaren bemerkbar macht. Influencer stechen in den sozialen Medien hervor. Ihre Follower vertrauen ihnen und deshalb haben sie auch einen großen Einfluss auf sie.

Laut Robert Levenhagen, CEO der Plattform Influencer.DB, sind in Deutschland bereits über 14.000 Accounts als Influencer gelistet. Hierbei werden allerdings nur Influencer gezählt, die auf ihrem Account auf Deutsch posten. Die meisten Influencer-Accounts in Deutschland gibt es für die Kategorien Fashion, Sport & Fitness, Food, Beauty, Travel und Lifestyle.

Hier 2 Beispiele:

Lisa und Lena, ein jugendliches Zwillingspärchen, hat innerhalb kürzester Zeit mit lustigen Videos, die mit der App „musical.ly" erstellt wurden, über 3 Millionen Follower auf Instagram gewonnen. Damit haben sie es in der Vergangenheit auf den ersten Platz der am schnellsten wachsenden deutschen Instagram-Accounts geschafft und das erreicht, wovon viele Influencer nur träumen: Sie haben in Rekordzeit ihre Follower-Zahl vervielfacht und erhielten deshalb von Influencer.DB den besten Score für ihren Marketingwert.

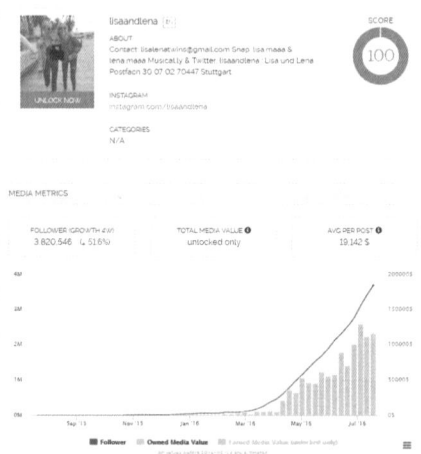

*Quelle: Influencer.DB*

Auch Daniel Fuchs alias magic_fox zählt laut Robert Levenhagen zu den beliebtesten Social Media-Stars. Er betreibt auf Instagram den größten Man-Fashion-Kanal Deutschlands und hat sich dazu entschieden, sein Leben seiner Model-Karriere auf Instagram zu widmen. Seinem Account folgen bereits über 1 Millionen Instagram-Nutzer.

## Journalisten und Redakteure

Journalisten und Redakteure können als klassische Influencer angesehen werden. Sie stellen trotz wachsender Bedeutung der sozialen Netzwerke immer noch mit Abstand die wichtigsten Influencer dar. In der heutigen Zeit verschwimmen die Grenzen der einzelnen Influencer-Gruppen jedoch. Journalisten und Redakteure nutzen Blogs und soziale Netzwerke als Recherchehilfe. Viele von ihnen sind sogar selbst als Blogger aktiv.

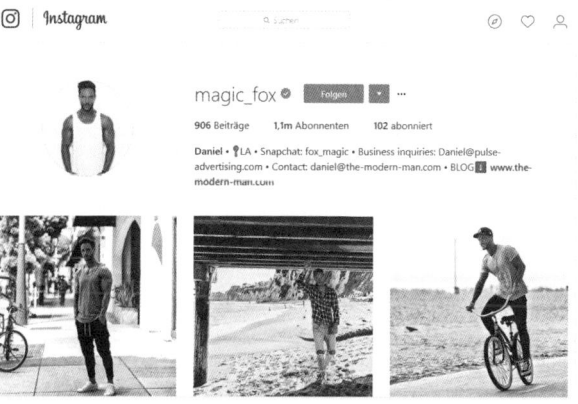

*Quelle: Screenshot Instagram*

### Die Entwicklung einer Marketing-Strategie

Bevor du dich direkt mit der Suche und der Kontaktaufnahme zu geeigneten Influencern beschäftigst, solltest du dir zunächst eine Influencer-Marketing-Strategie überlegen. Diese kann deine Suche nach den richtigen Meinungsmachern extrem vereinfachen und dir als erste Hilfestellung auf dem Weg zur Überzeugung deiner Meinungsmacher dienen.

Die Suche nach geeigneten Influencern erfordert zunächst eine gewisse Vorarbeit. Als erstes solltest du nach aktuellen Beiträgen Ausschau halten, die zu deinen Produkten, Themen oder Dienstleistungen einen direkten Bezug haben. Verwende bei deiner Recherche ausgewählte Keywords oder Hashtags, die für deine Themen relevant sind. Entscheide dich für Faktoren bzw. Themenschwerpunkte, nach denen du die für dich interessanten Influencer recherchieren möchtest.

Vor einer Zusammenarbeit mit einem Influencer solltest du darauf achten, dass deine Zielgruppe und die des Influencers identisch sind oder zumindest Parallelen aufweisen. Auch solltest du dir bereits jetzt Gedanken darüber machen, wie eine Kontaktaufnahme aussehen könnte.

Folgende Fragen können dich bei deiner Marketing Strategie unterstützen:

- Welche Ziele erhoffst du mit Hilfe der Influencer zu erreichen?
- Was genau sollen die Influencer für dich tun?
- Welchen Nutzen können die Influencer aus dem Ganzen ziehen? Bekommen sie für ihre Unterstützung eine Gegenleistung?
- Wie kontaktierst du die Influencer am besten?

**Durchführung einer quantitativen und qualitativen Analyse**

Um die Eignung eines Influencers festzustellen, solltest du eine quantitative und eine qualitative Analyse durchführen. Die quantitative Analyse eignet sich dazu, festzustellen, wie viele Menschen der Influencer mit seinen Posts erreichen kann. Analysiere, wie viele Besucher täglich auf seiner Seite sind. Finde heraus, wie viele Follower und Abonnenten er hat und wie viel er zu deinem Thema postet. Postet er täglich, wöchentlich oder sogar nur in sehr unregelmäßigen Abständen? Wie ist die Resonanz auf die Posts des Meinungsmachers? Wie viele Kommentare, Likes und Shares erhält er auf die von ihm veröffentlichten Beiträge?

Mit der qualitativen Analyse stellst du fest, ob der Influencer themengleiche oder -ähnliche Schwerpunkte bei seinen Beiträgen setzt. Prüfe, ob die Qualität der Beiträge dir zusagt und ob deine Marke, dein Produkt zu diesem Influencer passen könnte. Stelle fest, wie sehr der Influencer in seiner Community anerkannt ist. Schätzen und respektieren ihn die Follower? Hat er genug Einfluss, um sie zu überzeugen? Versuche auch herauszufinden, ob der Influencer überhaupt Interesse an einer Zusammenarbeit hat. Wird er gegebenenfalls für eine Kooperation Geld verlangen? Falls ja, berechne die Vergütungshöhe und den Wert entgegengebrachter Produktproben, Tests etc.

**Tools zur Influencer-Suche**

Relevante, Mehrwert bietende Inhalte und einflussreiche Multiplikatoren sind der Schlüssel zu erfolgreichem Content und Influencer-Marketing. Zum Aufspüren der einflussreichsten Meinungsmacher und der am häufigsten geteilten Blog-Artikel gibt es verschiedene Tools z. B. Followerwonk, Traackr und Impactana. Drei weitere Tools wollen wir dir im Folgenden etwas detaillierter vorstellen:

# 1 Influencer.DB:

Influencer.DB ist das weltweit führende Tool für Instagram Research und Analytics. Die Software hilft dir beispielsweise bei der Erfolgsmessung deines eigenen Instagram-Channels. Du erhältst unter anderem Informationen darüber, wie schnell dein Channel wächst, welche Posts bei deinen Followern am besten ankommen und welchen Media Value du insgesamt erreichst. Zusätzlich liefert dir die Suchmaschine relevante Informationen zu Mitbewerber-Accounts und hilft dir bei der Suche nach geeigneten Influencern für Kampagnen.

Die Research-Datenbank ermöglicht dir den Zugriff auf mehr als 700.000 einflussreiche Instagram Accounts weltweit, die jeweils mindestens 15.000 Follower haben. Um geeignete Influencer zu finden, die zum Produkt oder zur Marke passen, können auf Influencer.DB verschiedene Filter z. B. Kategorie, Follower-Anzahl, Zielgruppe oder Herkunftsland ausgewählt werden.

Anhand der Influencer-Detailansicht, die beispielsweise Auskunft über das Follower-Wachstum, den Instagram-Score, die Postanzahl pro Woche und die Kommentare pro Posts gibt, bekommen Nutzer des Tools direkt eine Übersicht über die Qualität und Performance eines jeden Instagram-Channels. Der Instagram-Score ist eine Kennzahl, für die alle quantitativen Metriken aggregiert werden, die Influencer.DB erhebt. Follower-Wachstum und -Anzahl sowie die Aktivität der Influencer sind hierbei die Wichtigsten. Die Kennzahl, die sich daraus ergibt, liegt zwischen 0 und 100 und gibt jeweils den Marketing-Wert eines jeden Channels an.

Influencer.DB ist als kostenlose Version, als Startup-Version für 49€ und als Standardversion für 179€ pro Monat erhältlich. Die Kosten für ein komplett uneingeschränktes Software-Modell kannst du beim Unternehmen selbst erfragen. Alle Preismodelle ermöglichen dir die Analyse deines eigenen Channels. Mit steigendem Preis wachsen selbstverständlich auch die Such- und Analysefunktionen. Bei der kostenlosen Version kannst du dir pro Tag drei relevante Channels, für 49€ fünfzehn und für 179€ fünfzig anzeigen lassen.

Von deinem ausgewählten Software-Modell hängt auch die Anzahl der zur Verfügung gestellten Analytics-Credits ab. So beinhaltet das Gratismodell leider keine, das Startup-Modell 2 und die Standard-Version 5 Analytics-Credits pro Monat. Mit Analytics-Credits kannst du tiefgreifende Analysen (Monitoring der Postings und Verlinkungen, Zielgruppenanalyse) für jegliche Accounts freischalten lassen.

## 2 Buzzsumo:

Bist du daran interessiert, die wichtigsten Beiträge zu allen möglichen Artikeln aufzuspüren und die geeigneten Influencer für dich zu finden? Buzzsumo kann dir dabei behilflich sein. Buzzsumo ist ein hilfreiches Web-Tool, das in den unterschiedlichsten sozialen Netzwerken nach den am meisten geteilten Artikeln oder den einflussreichsten Personen zu einem bestimmten Schlagwort sucht und diese anschließend auflistet. Das Suchmaschinen-Tool wertet derzeit Daten für folgende soziale Netzwerke aus: Facebook, Twitter, Google+, Pinterest und LinkedIn. Die Segmentierung potenzieller Meinungsführer wird durch eine Kategorisierung in Blogger, Influencer, Unternehmer, Journalist oder „Regular People" vereinfacht. Überzeugend ist vor allem die Integration von Twitter, da hier Influencer zu einer Liste hinzugefügt werden, man ihnen folgen und direkt Kontakt zu ihnen aufnehmen kann.

Für einen uneingeschränkten Zugang zu allen Filtermöglichkeiten ist das Web-Tool allerdings nicht ganz preiswert. Mit der kostenlosen Version können nur 10 Influencer und die wichtigsten Metriken angezeigt werden. Wer ohne diese Einschränkung nach Influencern suchen möchte, muss bereits 99$ pro Monat zahlen. Um das Suchmaschinen-Tool in vollem Umfang zu nutzen, muss man mit 299$ pro Monat rechnen.

## 3  Influma:

Influma ist ein deutsches Recherche- und Analyse-Tool, das dich bei deiner Content-Marketing-Strategie unterstützt und dir dabei hilft, die wichtigsten Influencer und die am häufigsten geteilten Blog-Artikel zu bestimmten Suchbegriffen in den sozialen Netzwerken und auf Blogs zu finden. Bewertet werden Influencer oder Blog-Beiträge nach bestimmten Metriken z. B. nach Social Shares, Likes und Kommentaren oder dem Influma-Index.

Des Weiteren bietet Influma Unternehmen und Agenturen die Möglichkeit, Blogger- und Influencer-Relations aufzubauen, indem sie den wichtigsten Influencern direkt auf Facebook, Twitter & Co folgen können und dort mit ihnen in Kontakt treten können.

Unternehmer können mit der kostenlosen Version von Influma unbegrenzt Suchanfragen abschicken, sich 25 Suchergebnisse anzeigen lassen und 10 Artikel und Influencer speichern. Die Pro-Version für 59€ pro Monat ermöglicht dir das Versenden unbegrenzter Suchanfragen, eine unbeschränkte Suchergebnisanzeige sowie das Speichern von 200 Artikeln und Influencern. Um nähere Auskunft über die Kosten einer komplett uneingeschränkten Version zu erhalten, muss man sich allerdings mit Influma selbst in Verbindung setzen.

**Wie gewinnt man Influencer?**

Nachdem du nun potenzielle Influencer ausfindig gemacht hast, kommt nun der wichtigste Part des Influencer-Marketings: Die Kontaktaufnahme. Influencern geht es vor allem um Reputation, Anerkennung und um einen Dialog auf Augenhöhe. Um Influencer von deinem Unternehmen oder deiner Marke zu überzeugen, brauchst du deshalb Feingefühl. Zeige ihnen, dass du wirklich Interesse an einer Zusammenarbeit hast und den Entschluss gefasst hast, mit ihnen ins Gespräch zu kommen.

Diese 8 Regeln solltest du bei der Kontaktaufnahme beherzigen:

1. Als Vorbereitung auf die Kontaktaufnahme solltest du bereits Beiträge des Influencers kommentieren, liken und teilen, um dein Interesse für den Influencer und für seine Themen zum Ausdruck zu bringen und eventuell schon auf dich aufmerksam zu machen.

2. Bei der Kontaktaufnahme solltest du dann auf eine ehrliche, unmittelbare und persönliche Kommunikation setzen. Eine persönliche, auf den Influencer abgestimmte Ansprache schafft Vertrauen und darum geht es in erster Linie beim Influencer-Marketing. Formuliere deine Anfrage präzise und achte darauf, dass deine Absicht direkt erkennbar ist. Verabschiede dich davon, Influencer mit getarnten Absichten und falschen Versprechungen locken zu wollen. Lügen haben kurze Beine und auch beim Versuch Influencer zu überzeugen wirst du damit scheitern.

3. Kontaktiere Meinungsführer ausschließlich zu Inhalten und Themen, die für ihre Zielgruppe interessant sind und ihr einen Mehrwert bieten.

4. Versuche für eine Win-Win-Situation zu sorgen. Tritt also nicht nur mit konkreten Bitten und Wünschen an den Influencer heran, sondern versuche ihm im Gegenzug für seine Hilfe auch etwas anzubieten. Schlage ihm eine Kooperation vor, die für beide Seiten von Vorteil ist. Meinungsführer haben oft einen großen Vorteil davon, Informationen als Erste zu verbreiten oder Produkte als Erste zu testen. Informiere Influencer im Voraus über ein solch exklusives Angebot und locke sie mit Einblicken in bisher unveröffentlichtes Material oder lade sie zu Produkttests ein. So bekommen sie das Gefühl von Einzigartigkeit und Exklusivität und schöpfen Neugier bezüglich deines Unternehmens.

5. Influencer-Marketing ist zeitaufwendig. Das solltest du dir von Vornherein bewusst machen. Übe dich beim Aufbau von Kontakten in Geduld und setze Influencer nicht unter Druck.

Sie sollten selbst entscheiden können, wann sie über deine Marke oder dein Produkt schreiben wollen.

6. Fragen von Seiten des Influencers solltest du stets ehrlich und zeitnah beantworten.

7. Meinungsführer schätzen es, wenn man sich für ihre Meinung interessiert und auf ihre Kompetenz vertraut. Frage sie also ehrlich nach ihrer Meinung, bitte sie um Rat. Damit schmeichelst du ihnen und du kannst gegebenenfalls sogar wirklich von ihren Ideen oder Verbesserungsvorschlägen profitieren.

8. Menschen, die es zu Anerkennung und einer bestimmten Reichweite geschafft haben, haben meist hart dafür gearbeitet. Sie kennen sich auf ihrem Gebiet aus und können mit Fachkompetenzen punkten. Zeige den Influencern, dass du sie dafür respektierst und wertschätzt. Danke ihnen für ihren Rat und ihre Einschätzung, auch wenn dir nicht zu 100 % gefällt, was sie dir sagen oder vorschlagen. Wenn du zeigst, dass du die Arbeit des Influencers wirklich wertschätzt und dass dir die Zusammenarbeit viel bedeutet, du deinem Gegenüber auch etwas anbieten kannst, sodass nicht nur eine Seite gibt und die andere nimmt, können Influencer Relations ein enormes Potenzial bieten. Natürlich kommt es selbst bei Einhaltung der Regeln des Öfteren zu Absagen. In diesem Fall solltest du sie einfach akzeptieren und nach anderen Influencern Ausschau halten.

**Warum sollte man Influencer-Marketing betreiben?**

Aufgrund der ständigen Informationsflut, denen Internetnutzer ausgesetzt sind, filtern diese ihre Informationen verstärkt. Mediennutzer der Web 2.0-Ära sind anspruchsvoller geworden, weshalb viele klassische Werbebotschaften nicht mehr so gut wie früher funktionieren. Unternehmer müssen kreativer werden, sich auf andere Werbemittel verlassen. Das zeigen bereits Studien, die herausfanden, dass 92 % der Konsumenten Online-Bewertungen und -Empfehlungen eher als Werbeaussagen von Unternehmen vertrauen.

Influencer-Marketing kann deinem Unternehmen zu mehr Bekanntheit verhelfen und für bessere Absatzzahlen sorgen. Denn 81 % der Marketing-Experten sehen Inluencer-Kampagnen als erfolgreich an. 83 % der Marketing Manager verrieten pro 1$ Budget einen Umsatz von 9$ zu generieren. Durch die Vernetzung mit einflussreichen Meinungsführern kann dein Unternehmen an Reichweite gewinnen, denn mit Hilfe positiver Beiträge der Influencer zu deinen Produkten oder deiner Marke, werden ihre Follower auf dein Unternehmen aufmerksam. Influencer fungieren als Markenbotschafter und können dir bei der Generierung neuer Kunden helfen. Auch SEO-technisch können Influencer von Vorteil für dein Unternehmen sein. Links von Blogs und Webseiten einflussreicher Meinungsführer stellen wertvolle Backlinks auf deine eigene Website dar und können dir zu einem besseren Ranking verhelfen.

## Unternehmen, die von Influencer-Marketing enorm profitiert haben

Um zu verdeutlichen, wie wirksam Influencer-Marketing sein kann, werde ich dir im Folgenden 2 Beispiele von Unternehmen geben, die durch Influencer-Relations erst richtig erfolgreich geworden sind.

### Daniel Wellington

Das 2011 von Filip Tysander gegründete Uhren-Startup Daniel Wellington kann bereits auf eine faszinierende Erfolgsgeschichte zurückblicken.

Der internationale Erfolg der schwedischen Uhrenmarke ist ausschließlich auf Influencer-Marketing zurückzuführen. Bei der Marke wurde auf die Zusammenarbeit mit Top-Influencern gesetzt, um Millionen neue Kunden zu erreichen. Schon bald schaffte es die Marke an die Spitze der Uhrenmarken auf Instagram und hat dort mittlerweile die 3-Millionen-Follower-Marke geknackt.

Marken wie Fossil (über 500.000 Follower) und Swatch (über 570.000 Follower), die Uhren im gleichen Preissegment anbieten, schneiden anhand ihrer Follower-Anzahl sehr viel schlechter ab.

Renommierte Luxusmarken wie Piaget (über 200.000 Follower) können bei der vorgegebenen Follower-Anzahl gar nicht mithalten. Das Unternehmen Daniel Wellington erzielte auf Instagram dank Influencer-Marketing einen Total Media Value von umgerechnet 2,6 Millionen€ und generierte nur vier Jahre nach Gründung bereits einen Umsatz von ca. 200 Millionen€.

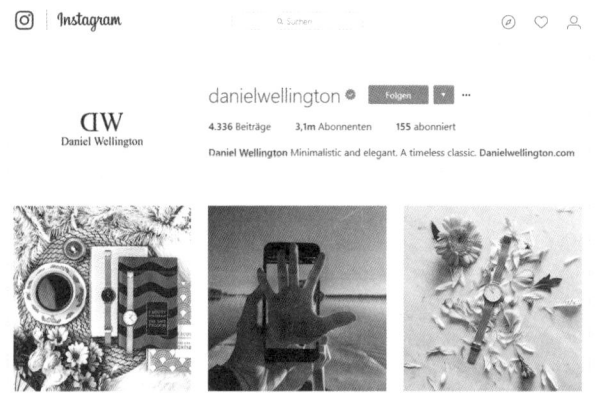

*Quelle: Screenshot Instagram*

## Marc Cain

Als weiteres Beispiel für ein Unternehmen, das mit Influencer-Marketing bereits einen großen Erfolg verzeichnen konnte, kann das Unternehmen Marc Cain genannt werden.

Bis Anfang 2016 war das deutsche Mode-Label im Bereich des Influencer-Marketings kaum aktiv. Ausgewählte Influencer erhielten für die Berliner Fashion Week im Februar und Juni 2016 Einladungen. Diese Kooperation hatte sofort Auswirkungen auf die Reichweite des Marc Cain-Instagram-Channels: Influencer-Marketing hat dem Markenlabel erstmals dazu verholfen, einen Earned Media Value von umgerechnet ca. 95.000€ im Februar und ca. 130.000€ im Juni zu erreichen.

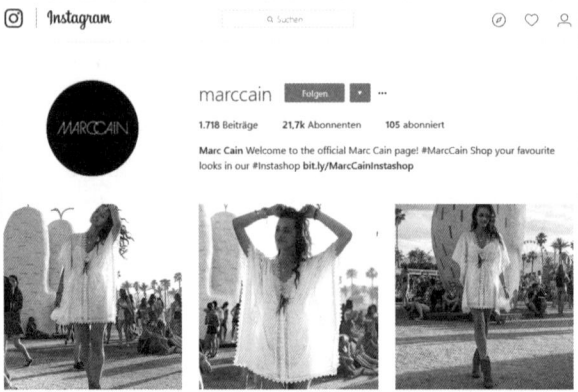

*Quelle: Screenshot Instagram*

## ➕ Zusammenfassend:

Influencer-Marketing gewinnt an Bedeutung. Durch die richtige Zusammenarbeit mit wichtigen Influencern kann diese Form des Marketings deinem Unternehmen zu mehr Reichweite und mehr Erfolg verhelfen. Denke daran, dich vor der Kontaktaufnahme zu wertvollen Influencern mit deiner Marketing-Strategie zu beschäftigen. Diese sollte abklären, für welche Themenschwerpunkte bzw. Keywords du nach geeigneten Influencern recherchieren möchtest, welche Tools du zur Influencer-Suche verwenden möchtest, wie die Kontaktaufnahme vonstattengehen soll und was du dem Influencer als Gegenleistung für seine Hilfe anbieten kannst. Beschränke dich jedoch nicht nur auf Influencer-Marketing, sondern betrachte es vielmehr als Ergänzung deiner klassischen Marketing-Maßnahmen. Führe dir vor Augen, dass Influencer des Öfteren auch Absagen erteilen. Nimm diese gelassen auf und versuche Hilfe von anderen Influencern zu erhalten.

# Facebook

## FACEBOOK ALS „BESUCHER-QUELLE" NUTZEN

Dank einer rasant wachsenden Mitgliederzahl und über eine Milliarde Nutzern weltweit bietet Facebook hervorragende Business-Chancen für Unternehmen.

Dabei sind Facebook-Nutzer überdurchschnittlich kaufaffin, was sowohl die interne Gründer.de Fallstudie zeigt als auch eine externe Comscore-Studie. So konnte Gründer.de mit Bezug auf den Besucherstrom über Facebook in 2 Fallstudien eine Steigerung der Kaufrate von + 79 % bzw. + 94 % im Verhältnis zum Durchschnitt feststellen, während die Comscore-Studie besagt, dass ein Facebook-Nutzer im Durchschnitt etwa 53€ im Internet ausgibt (bezogen auf einen 3-Monats-Zeitraum), während der allgemeine Internet-Nutzer gerade einmal 37,70€ ausgibt. Eine Syncapse-Studie geht sogar noch einen Schritt weiter und hat ermittelt, dass ein einziger Facebook-Fan auf einer Fanpage im Schnitt stolze 136,38$ wert ist.

Angesichts solcher Zahlen wird schnell klar, welche enorme Bedeutung Facebook mittlerweile in der Geschäftswelt eingenommen hat – und was das für dich und dein Business bedeutet. Dabei sind Besucher über Facebook grundsätzlich kostenlos und dennoch hast du verschiedene Möglichkeiten, deine Zielgruppe exakt anzusprechen. Bei ihrer Anmeldung geben Facebook-Nutzer absolut freiwillig aussagekräftige Daten bzw. Informationen preis, wie beispielsweise Hobbys, Interessen, Herkunft, Alter, Lieblingsbücher, Musikgeschmack usw.. Diese Angaben ermöglichen es dir, deine Kunden so zielgruppenaffin anzusprechen, wie nirgendwo sonst.

Diese Tatsache ermöglicht dir beim Marketing einen Streuverlust von nahezu 0%. Selbst bei Google AdWords kommst du trotz aller Zielgruppen-Fokussierungen nicht an einem gewissen Streuverlust vorbei, weil Google bestenfalls den Quelltext einer Website oder die eingegebenen Suchbegriffe analysieren kann. Durch diese enorme Reichweite, gepaart mit einer exakt möglichen Zielgruppenausrichtung, hat sich Facebook als eine riesige Traffic-Quelle – direkt hinter Google – etabliert. Kommunikation mit deiner Zielgruppe ist das A und O im Business und so sollte es dein größtes Anliegen sein, diese zu perfektionieren. Kaum eine Plattform ist hierfür besser geeignet als Facebook. Es eröffnen sich zahlreiche Perspektiven um hier mit deiner Zielgruppe in Kontakt zu treten.

Wenn du im Internet-Business wirklich nachhaltig erfolgreich sein möchtest, dann musst du dich branden und dich als absoluter Experte auf deinem Gebiet positionieren und hierfür ist Facebook die beste Alternative. Mein kostenloser Online-Videokurs „Die 5 Erfolgsstrategien, um Geld im Internet zu verdienen" im Magazin von Gründer.de zeigt dir exakt, was du tun musst, um im Internet wirklich nachhaltig erfolgreich sein zu können.

Sicherlich weißt du, dass es im (Internet-) Business nichts Wichtigeres gibt als Kontakte. Ein Sprichwort, welches dir im Geschäftsleben immer wieder begegnen wird, besagt: „Kontakte schaden nur dem, der keine hat!" Und es trifft zu 100% zu. Deshalb hast du auch hier die Möglichkeit – vorausgesetzt gewusst wie – die Kontaktdaten deiner Interessenten direkt auf Facebook einzusammeln, um dir dadurch die im (Internet-) Business so erfolgsentscheidende E-Mail-Liste aufzubauen. Doch Achtung: Facebook ist anders! Facebook hat zweifelsohne ein unglaubliches Potenzial, doch wenn du es nicht verstehst, wie Facebook wirklich funktioniert, um dieses Potenzial richtig zu nutzen, wirst du mit Gewissheit scheitern.

Wenn du es jedoch schaffst, das Netzwerk für dein Online-Business richtig zu verwenden, dann bist du deinem Erfolg schon mal einen Schritt näher gekommen. Die Vorgehensweise bei Facebook ist anders als im klassischen Marketing und nur wer das versteht, wird dauerhaft erfolgreich sein und seinen Mitbewerbern immer einen großen Schritt voraus sein können. Mit dieser Erkenntnis und einem daraus resultierenden klaren Vorsprung, kannst du als Unternehmen sofort starten und Facebook als „Besucher-Quelle" nutzen. Verschaffe dir also diesen entscheidenden Wissensvorsprung gegenüber deinen Mitbewerbern.

## WORAUF ES BEI ERFOLGREICHEN FACEBOOK-BEITRÄGEN ANKOMMT

Aufgrund seiner enormen Reichweite bietet Facebook Unternehmen und Startups die Möglichkeit, mit ihren Fans zu interagieren und ihre Aufmerksamkeit mit relevanten Posts auf ihre Website zu lenken. Doch wie gelingt der perfekte Post? Wir alle kennen vermutlich völlig überladene, ellenlange Facebook-Posts, die in der Community eher auf Ablehnung stoßen. Um das zu verhindern, habe ich hier 6 Regeln für einen gelungenen Facebook-Post für dich, damit deine Posts in Zukunft hoffentlich so gut laufen, wie du es dir vorstellst.

**6 Regeln für bessere Facebook-Posts**

## 1 Keep it short and simple

Studien zufolge sind kurze und leicht verständliche Posts wirksamer als lange Facebook-Beiträge. Im Idealfall sollte der Post nicht länger als drei Zeilen sein und deine Fans auch auf emotionaler Ebene ansprechen. Je nach Thema bietet es sich an, zusätzlich auf einen ausführlichen Beitrag als PDF-Datei oder auf einen Blog-Beitrag zu verlinken.

## 2 Klasse statt Masse: Der richtige Mehrwert machts

Eine exakte Grenze zwischen zu vielen und zu wenigen Posts pro Woche zu setzen ist immer schwierig. Generell ist es wichtig, regelmäßig Content zu veröffentlichen, damit deine Fans immer auf neue Inhalte gespannt sein können und du ihre Erwartungen erfüllst. Denke jedoch immer daran, dass weniger oft mehr ist. Untersuchungen haben ergeben, dass zu viele Posts sogar abschreckend wirken können. Übertrieben viele Posts können deinen Followern auch schnell auf die Nerven gehen, was sogar Fan-Verluste zur Folge haben kann. Wenn du also kein Nachrichtenportal oder ein Unternehmen betreibst, wo es zwingend erforderlich ist, deine Nutzer stündlich auf dem Laufenden zu halten, solltest du täglich maximal zwei Facebook-Posts herausbringen. Wie viele Posts du pro Woche veröffentlichen solltest, ist letztendlich jedoch von deiner Branche, deinem Unternehmen und deiner Zielgruppe abhängig. Drei bis fünf Posts pro Woche sind jedoch ein guter Richtwert.

Behalte immer im Hinterkopf, dass es nicht darum geht, deine Fans mit so vielen Inhalte wie möglich zu überschütten. Qualität geht schließlich immer vor Quantität. Biete deinen Fans relevante Informationen, für die sie sich interessieren und die ihnen einen Mehrwert bieten. Versuche nicht einfach deine Unternehmensinformationen an den Mann zu bringen, sondern achte darauf, dass du diese ansprechend verpackst, Anreize bietest und deine Fans neugierig auf mehr machst. Denke immer daran: Content is King!

## 3 Der richtige Zeitpunkt für deinen Post

Eine exakte Aussage über den besten Zeitpunkt für Posts zu treffen ist nahezu unmöglich. Auch Studien kommen hier, wie bei so vielen Dingen, zu keinem eindeutigen Ergebnis. Einige Experten betrachten die Zeiten, während der die Fans besonders aktiv sind als besten Zeitpunkt, um einen Post zu veröffentlichen. Das ist bei den meisten Facebook-Nutzern morgens zwischen 10 Uhr und 11 Uhr und abends zwischen 19 Uhr und 20 Uhr. Andere Experten denken hingegen, der beste Zeitpunkt für Posts sei außerhalb der Hauptarbeitszeiten, also nach Feierabend und am Wochenende. Zu diesem Zeitpunkt sei die Informationsflut am geringsten und die Wahrscheinlichkeit sehr viel höher, dass die Fans mehr Zeit hätten, sich den geposteten Beiträgen zu widmen.

Der perfekte Zeitpunkt für Posts kann also nicht ermittelt werden und hängt ganz stark von deiner Zielgruppe ab. Wenn du einen Firmen-Account hast, solltest du dir unbedingt deine Facebook-Statistiken ansehen, um festzustellen, wann die meisten User online sind. Wenn du dir bezüglich des geeigneten Zeitpunkts unsicher sein solltest, kannst du austesten, wann der beste Zeitpunkt ist. Veröffentliche zu verschiedenen Zeiten und an verschiedenen Tagen Posts, und überprüfe, zu welchem Zeitpunkt die Resonanz am größten ist.

## 4 Links richtig einsetzen

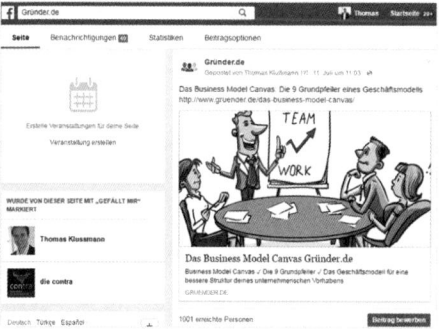

*Quelle: Screenshot*

Wenn du einen Blog-Beitrag deiner Website auf Facebook einbinden möchtest, ist es wichtig, richtige URL-Links zu nutzen. Damit werden deine Metadaten direkt mit angezeigt. Diese sollten aussagekräftig sein und abwechslungsreich gestaltet werden. Häkchen wie im Beispiel unten eignen sich gut, um die wichtigsten Fakten zusammenzufassen. Die Headline teilt dem Leser bereits alles Wichtige mit. Der Text über dem Foto kann kurz gehalten werden. Er sollte im Idealfall nicht über drei Zeilen hinausgehen, aber ausführlicher sein, als in unserem Beispiel. Du musst an dieser Stelle nicht vollständig erklären, worum es in deinem Beitrag geht, solltest aber das Interesse deiner Follower wecken. Versuche deinen Fans den Post so schmackhaft zu machen, dass sie Lust bekommen, sich mit Kommentaren einzubringen.

Mit Hilfe von URL-Links wird dein Beitrag deutlich mehr Klicks bekommen, als wenn es der Fall wäre, wenn du einfach ein Bild hochlädst und dazu einen zusätzlichen Link setzt. Ohne URL-Link hast du nämlich auch keine Metadaten zur Verfügung und benötigst mehr Text, um deine Fans über alles Wichtige zu informieren.

## 5   Verwende Bilder

Wenn du keine URL-Links verwendest, solltest du nach Möglichkeit trotzdem Bilder für deine Posts hochladen. Wie heißt es noch so schön? – Bilder sagen mehr als tausend Worte. Es ist tatsächlich so, dass Bildern mehr Beachtung geschenkt wird, als einfachen Text-Posts. Bilder und Videos sind der Hingucker schlechthin und werden sehr viel öfter mit Freunden geteilt, was zu mehr Reichweite führt. Versuche deshalb, so oft wie möglich mit Bildern zu arbeiten. Vorausgesetzt, sie passen wirklich zu deiner Aussage, deinem Produkt oder deiner Geschichte. Beachte allerdings das Urheberrecht!

## 6   Schaffe Möglichkeiten zur Interaktion

Soziale Interaktion gewinnt auf Facebook & Co zunehmend an Bedeutung. Gerade deshalb musst auch du mit deinen Fans interagieren. Denke immer daran, dass Facebook nicht nur ein einseitiger Kanal zur Informationsübermittlung ist, sondern eine Plattform zum Austauschen. Eine aktive Fan-Base musst du dir über lange Zeit aufbauen. Deshalb solltest du dir bei jedem Post überlegen, wie du deine Follower aktiv miteinbeziehen kannst. Sorge dafür, dass deine Fans Teil der Kommunikation werden. Versuche dafür Fragen an sie zu richten oder durch Umfragen mehr Aufmerksamkeit zu erregen.

Ist eine Diskussion entfacht worden, bedeutet das allerdings nicht, dass du deine Follower kommentieren lassen und dich entspannt zurücklehnen kannst. Reagiere auf Feedback, beantworte Fragen in den Kommentaren und mische dich aktiv in die Diskussion ein. Deine Follower werden eher bereit sein zu interagieren, wenn sie auch wissen, dass die Person hinter dem Unternehmen greifbar ist und ihre Fragen beantwortet. Neben hervorragendem Content können also auch gerne nette Wünsche für ein schönes Wochenende ausgesprochen werden, um eine engere Beziehung zu den Fans aufzubauen.

## ➕ Fazit:

Meine Tipps sollten dir als kleine Orientierungshilfe für das Verfassen deiner Posts dienen. Achte darauf, dass deine Posts nicht zu lang und nicht kompliziert verfasst sind. Behalte im Hinterkopf, dass du regelmäßig Content veröffentlichen solltest, dass Qualität in jedem Fall aber wichtiger als Quantität ist. Es geht nicht darum, so viele Beiträge wie möglich zu posten, sondern darum, deinen Kunden einen Mehrwert zu bieten. Wenn möglich, solltest du immer mit Bildern in deinen Posts arbeiten, da ihnen einfach mehr Beachtung geschenkt wird und sie mehr Reichweite erlangen. Von größerer Wichtigkeit ist allerdings, dass du selbst austestest, welche Art von Facebook-Post bei deiner Community gut ankommt. Finde heraus, wann die beste Uhrzeit für deine Beiträge ist. Erkundige dich auch, was die Konkurrenz macht und versuche es besser zu machen.

### WAS DU ÜBER DEN NEWS-FEED-ALGORITHMUS WISSEN MUSST

Wann zeigt der News-Feed auf Facebook eigentlich was an und warum tut er das eigentlich? Solche Fragen stellten sich bisher alle interessierten Facebook-Nutzer. Die Antwort ist natürlich vor allem für Unternehmer von großem Wert, da es ihnen ermöglicht, Posts effektiver zu platzieren und somit eine höhere Traffic-Rate zu generieren.

Rufen Facebook-Nutzer ihre Seiten auf, stehen ihnen meist bis zu 1500 Posts und Artikel zum Lesen zur Verfügung – eine viel zu große Anzahl, als dass man diese alle lesen oder kommentieren könnte. Hinsichtlich dieser Problematik nutzt Facebook den News-Feed-Algorithmus, um einem Nutzer alle Posts und Artikel zu präsentieren, die für ihn interessant erscheinen und an seine Lesegewohnheit angepasst sind. Dadurch soll und wird auch die Interaktivität und Nutzungsdauer der User erheblich verbessert, da Inhalte auf das persönliche Interesse abgestimmt werden und somit 300 von 1500 Posts pro Tag priorisiert werden können.

Ohne diesen Algorithmus würden die Nutzer nämlich oftmals Posts und Artikel vorgelegt bekommen, die sie überhaupt nicht interessieren und das Interesse am Teilen, Liken und Kommentieren wäre dadurch extrem gering. Facebook versucht genau bei diesen Prioritäten anzusetzen und nutzt einen Algorithmus, um somit für die Nutzer persönlich relevante Posts zu ranken – das „gefällt mir" dient dabei als primärer Orientierungsmaßstab.

**Das Ranking wird weitestgehend beeinflusst durch:**

1. Likes von Posts anderer Leute. Freunde mit denen man viel Kontakt hat werden dann höher gerankt als Posts von Freunden, mit denen man weniger in Kontakt steht.

2. Likes und Kommentare, die Personen auf den eigenen Bildern und Inhalten hinterlassen. Die von Freunden fallen dabei enorm ins Gewicht.

3. Posts werden im News-Feed höher eingestuft, wenn diese viele Likes bekommen haben.

4. Negative (Rank-)Beeinflussung, wenn ein Freund/Leser den eigenen Post als anstößig markiert hat.

5. „Story Bumping"

   Dass das Ranking nach dem Algorithmus nicht perfekt ist, merken wir wohl alle, doch laut Testergebnissen sollen dadurch mehr Klicks pro Post erreicht werden als bei einer lediglich chronologisch strukturierten Anordnung aller Posts.

   Mit dem neuesten Update des Algorithmus wurde das „Storys Bumping" im News-Feed impliziert. Story Bumping sorgt dafür, dass ältere Beiträge mit vielen Kommentaren und Likes höher gerankt werden und somit Lesern vorgelegt werden, die höchstwahrscheinlich an diesen Beiträgen interessiert sind und diese auch noch nicht gelesen haben.

Glaubt man Facebook, konnten dadurch Likes, Kommentare und Shares bei Freunden dadurch um bis zu 5% gesteigert werden und bei Seiten ein stolzer Anstieg um 8% verzeichnet werden. Die Anzahl der Storys, welche tatsächlich von den Nutzern gelesen werden, konnten dabei sogar um 13% erhöht werden und liegen somit bei einem Wert von insgesamt 70%. Zudem werden die 50 letzten Aktivitäten des Users in Zukunft stärker gewichtet.

Wer also in letzter Zeit häufig mit einem bestimmten Freundeskreis kommuniziert hat, wird aufgrund der Last-Actor-Funktion auch deutlich mehr mit deren Statusmeldungen konfrontiert werden. Diese Änderung wurde auch für den Desktop- und Mobile-News-Feed übertragen.

**Was bedeutet das für kommerzielle Facebook-Nutzer?**

Populäre Beiträge, die von einem Profil ausgehen, verfügen über eine deutlich höhere Wahrscheinlichkeit, dass sie trotz zeitlichen Aspekts weiter verbreitet werden. Zudem zeigt es auch, dass manche Artikel ja vielleicht auch erst nach einer gewissen Zeit an Popularität gewinnen und nicht wie sonst, schon anfängliche Erfolge bei der Verbreitung zählen.

# XING

Soziale Netzwerke waren in den letzten Jahren das Nonplusultra wenn es darum ging, schnell und vor allem einfach neue Kontakte zu knüpfen. Nicht nur privat, sondern vor allem auch beruflich wächst die Bedeutung dieser Netzwerke. So hat sich grade in Deutschland das Netzwerk XING als wichtigster B2B-Kommunikator im Social Media entwickelt. Genau aus diesem Grund ist es für jeden Online Marketer immens wichtig, dass er XING in den Mittelpunkt seiner Social Media Aktivitäten setzt.

Dabei geht es auf XING zu wie bei fast jedem anderen Netzwerk, egal ob es ein B2C- oder B2B-Netzwerk ist. Für dich als User gibt es ständig Neuerungen, mit welchen du dich auseinander setzen musst, welche deine Zeit in Anspruch nehmen und deren Sinnhaftigkeit nicht immer ganz ersichtlich sind.

Jedoch gab es vor einiger Zeit ein Update mit einer neuen Funktion, welche ich für überaus sinnvoll erachte. Diese Funktion impliziert die Angabe deines persönlichen Portfolios auf XING, egal in welcher Form.

So ist es gerade für einen Internet-Marketer extrem sinnvoll, seine Produkte beziehungsweise seine angebotenen Dienstleistungen in seinem eigenen XING-Portfolio zu implementieren. Dadurch erzeugst du neben einer gesteigerten Seriosität eine indirekte

Pull-Strategie, welche es dir im Optimalfall ermöglicht, noch aktiver Einfluss auf deine Lead- und Traffic Generierung zu nehmen.

**Wie du vorgehen solltest:**

1. Nachdem du dich auf www.xing.de mit deinem persönlichen Profil eingeloggt hast, musst du dein Profil aufrufen. Unterhalb des linksseitig angeordneten Profilbildes erscheint nun deine eigene Profilnavigation mit Reitern wie „Profildetails", „Portfolio", „Weitere Profile im Netz", etc.

2. Klicke nun auf den Reiter „Portfolio" und es erscheint die folgende Anzeige. Du hast die Möglichkeit, zwischen drei verschiedenen Typen zu wählen:

*Quelle: Screenshot*

3. Aus marketingtechnischer Sicht empfehle ich dir, dass du ein Bild hochlädst, beispielsweise eine Collage deines neusten Produktes oder eine erstellte Grafik zu deinem Blog. Der Vorteil ist, dass du bei der Option „Bild hinzufügen" rechts neben dem Bild immer noch Platz hast, eine Notiz zu hinterlegen. Wenn du an dieser Stelle nun den Link zu der entsprechenden Website angibst, dann ist die Wahrscheinlichkeit extrem hoch, dass Personen, die sich dein Portfolio anguckt, auch auf

den angegebenen Link klicken.

Zum Beispiel könnten das ganze wie folgt aussehen:

*Quelle: Screenshot*

4. Zum Schluss solltest du noch die Möglichkeit nutzen, deine Portfolio-Angaben auch als Startbild deines Profils zu verwenden. Somit können die Besucher deines Profils unmittelbar erkennen, was du anbietest, und gleichzeitig kannst du das Interesse dieser Personen wecken. Um diese Einstellung vornehmen zu können, musst du lediglich auf den Reiter „Einstellungen" klicken, dann deine Privatsphäre auswählen und anschließend das Häkchen setzen bei „Das Portfolio als Erstes anzeigen".

*Quelle: Screenshot*

## ⊕ Zusammenfassend:

Die Umsetzung dieser Optimierungsstrategie deines persönlichen XING-Profils ist also recht leicht und erfordert nur wenige Schritte. Der Effekt, nämlich die Steigerung der Seriosität und der Lead- und Traffic Optimierung ist dagegen aber sehr groß. Daher rate ich dir dazu, diese Umsetzung in einer ähnlichen Art und Weise vorzunehmen.

# Google+

## LOHNT ES SICH GOOGLE+ ZU VERWENDEN?

Hier soll das noch oft unterschätzte Google+ genauer unter die Lupe genommen werden. Dabei wird vor allem die Frage, warum es sich lohnen kann, sich mit Google+ genauer auseinander zu setzen, im Mittelpunkt stehen. Mit Milliarden Nutzern konnte der Dienst nach 5 Jahren einen hohen Zuwachs vermerken. Das liegt unter anderem an der Integration der verschiedenen Google-Dienste, die zur Generierung von persönlichen Daten genutzt werden.

Mit vielen praktischen Features überzeugt Google+ nicht nur private Nutzer. Neben der Möglichkeit, seine Kontakte bestimmten „Circles" zuzuordnen, die geteilten Inhalte dadurch zu differenzieren und Videos und Fotos hochzuladen, bietet Google+ einige Anhaltspunkte, mit den bekannten sozialen Netzwerken zu konkurrieren.

**Der +1 Button:**

Auch wenn er auf den ersten Blick an das Facebook-„Like" erinnert verbirgt sich mehr dahinter. Websites die einen +1 Button verwenden, haben laut Google bis zu 3,5 mal mehr Besucher auf der zugehörigen Seite. Als nützlich erweist sich auch, dass die Anzahl der +1 Bewertungen in der Google-Suche angezeigt wird.

So können die daraus entstandenen Daten für ein Ranking in der organischen Suche genutzt werden. Diese Funktion wird über 5 Milliarden mal pro Tag genutzt – auch wenn dafür kein Google+ Account nötig ist, zeigt es das großes Potenzial dieses Features.

## SEO durch Google+

Ein weiterer Vorteil den Google+ bietet ist die bereits angedeutete Aufwertung der eigenen Suche durch eine soziale Komponente. So wird Google+ für die Suchmaschinenoptimierung (SEO) immer wichtiger. Das Prinzip ist einfach: Ausnahmsweise gilt Quantität vor Qualität. Google+ Inhalte werden in den Suchergebnissen immer dann angezeigt, wenn der Absender in den Kreisen des Suchenden ist. Mit der Verlinkung von der eigenen Website mit Google+ taucht diese direkt in der Google-Suche auf und kann so erneut ‚eingekreist' werden.

Eine andere Variante seinen Radius durch Circles zu erweitern ist der Parameter „rel="author"" mit dem du dein persönliches Profil mit deinen geteilten Inhalten verknüpfst, um als Autor neben den Suchergebnissen genannt zu werden. Die dadurch in der Google-Suche angezeigten Autorennamen sind auch dann sichtbar, wenn der Suchende nicht bei Google+ eingeloggt ist und gibt der Recherche einen persönlichen Bezugspunkt und Ansprechpartner.

## Wie das werbefreie Netzwerk dennoch zur Kundenakquirierung dient

Dank der beschriebenen Vernetzungsprozesse ist das Netzwerk selbst völlig werbefrei. Ein großer Vorteil für Kunden, aber auch für Unternehmer. So können Unternehmen dezent ihre Reichweite erweitern, ohne zu fürchten, dass sich der Nutzer durch Reklame belästigt fühlt.

Oft wird Google+ mit Facebook verglichen. Jedoch ist ein direkter Vergleich zwischen Facebook und Google+ nur bedingt möglich. Während Google+ ein durchgeplanter „Social Layer" ist, der werbefrei agiert, ist Facebook ein mit der Zeit gewachsenes soziales Netzwerk, das an Reichweite und Nutzeraktivität noch ungeschlagen ist.

**Kritik an Google+**

Die Entwicklung von Google+ ist jedoch mit Vorsicht zu betrachten. Durch verschiedene Bedingungen, die mit der Nutzung der einzelnen Google Dienste in Verbindung stehen, werden Zahlen künstlich in die Höhe getrieben.

Wer zum Beispiel ein Video auf YouTube kommentieren oder bewerten möchte, braucht seit vergangenem Jahr ein Google+ Konto, anstelle des bisher anonymen YouTube-Accounts.

## ➕ Fazit:

Google+ ist noch ein junges Netzwerk, in das es sich lohnen kann Zeit und Aufmerksamkeit zu investieren. Auch wenn sich andere Netzwerke für direktes Marketing besser nutzen lassen, bietet Google mit seinem Social Layer vielseitige Chancen die eigene Reichweite zu erweitern. Leider stützen sich die meisten Zahlen über Nutzerreichweite und -aktivität auf Aussagen von Google selbst und sind somit kritisch zu betrachten.

# Instagram

## WIE DIE APP ZUR VERBESSERUNG DEINES BUSINESS-ERFOLGES BEITRÄGT

### Was ist Instagram eigentlich?

Instagram ist eine App für das iPhone und Android-Geräte. Doch es ist mehr als nur irgendeine App. Es ist eines der erfolgreichsten Programme, ein Tool, um Fotos zu bearbeiten und ganz schnell und unkompliziert ins Social Web hochzuladen. Das Versenden der blitzschnell bearbeiteten Bilder via Twitter, auf Facebook oder im Tumblr-Account ist kein Problem, die Benutzerfreundlichkeit ist extrem gut. Es ist gerade für dein Business interessant, dass Instagram mit Keywords arbeitet, sodass du mit der richtigen Technik dein Produkt sehr gut bewerben kannst und dieses von den Usern auch schnell gefunden werden kann.

Von anfänglich ca. 1 Millionen registrierter Benutzer im Dezember 2010, wuchs die Anzahl von Usern binnen kürzester Zeit auf 5 Millionen User Mitte 2011. Binnen eines Monats verdoppelte sich die Mitgliederzahl auf 10 Millionen. Inzwischen verzeichnet Instagram über 600 Millionen aktive Nutzer weltweit. Durch diesen enormen Mitgliederzuwachs verwundert es nicht, dass der Internetriese Facebook auf das Unternehmen aus Kalifornien aufmerksam wurde und es aufgekauft hat.

**Unterscheide dich von Anderen**

Wenn du bei Instagram ein Foto hochlädst, welches beispielsweise dein Produkt bewirbt, dann musst bzw. solltest du diesem Foto auch einen Namen geben oder einen Kommentar hinzufügen. Dabei solltest du darauf Acht geben, dass du dein Produkt so interessant wie möglich darstellst, dabei aber auch möglichst so einzigartig wie nur eben möglich. Tust du dies nicht, besteht die Gefahr, dass dein Foto in der Masse an Fotos, welche bei Instagram hochgeladen werden, untergeht.

Ein kleines Beispiel:

| Suchbegriffe | Hochgeladene Fotos zu dem Suchbegriff |
|---|---|
| Best Buy | 13.361 |
| Samsung | 113.731 |
| Jeep | 127.464 |
| Sharpie | 69.402 |

© *gruender.de*

**Keywords bei Instagram**

Anhand dieser Suchbegriffe siehst du, wie groß die Aktivitäten der User auf Instagram sind und deshalb ist es besonders wichtig, dass sich deine Fotos vor allem namentlich, also vom Keyword her, von anderen unterscheiden, damit du überhaupt erst gefunden werden kannst.

**Kreiere und bewirb deinen Account**

Zum aktuellen Zeitpunkt hat Instagram noch keine „konservative" Internetseite. Du kannst dir lediglich die App runterladen und dich dann im App-Menü anmelden. Deshalb ist das Bewerben deines Accounts bei Instagram auch nur durch Verlinkungen zu anderen sozialen Netzwerken wie Facebook, Twitter, etc. möglich. Durch diese Verlinkungen weckst du Interesse an deinen Fotos und erhöhst somit die Chancen, dass sich potenzielle Kunden für dein Produkt interessieren. Also versuche eine möglichst hohe Aktivität durch Instagram in deinen sozialen Netzwerken zu generieren.

## Benutze Instagram als deine standardmäßige Foto-App

Wenn du Fotos von deinen Produkten machst (natürlich nur für die Social Media-Sparte), dann verwendest du am besten ausschließlich Instagram als Kamera-App. Mit Hilfe von Instagram sorgst du automatisch dafür, dass auf deinen Social Media-Profilen wie Facebook oder Twitter eine ständige Bewegung herrscht.

Dies funktioniert so:

Durch die Einstellungen in deiner Instagram-App kannst du angeben, auf welchen Social Media-Plattformen deine Bilder noch angezeigt werden. Das bedeutet für dich, du schlägst zwei Fliegen mit einer Klappe, da die App dir das Posten komplett abnimmt und du somit mehr Zeit für andere Dinge hast.

## Nutze deine Fotos zur Traffic-Generierung

Mit Hilfe des Programms kannst du beispielsweise auf Facebook eine Fanpage erstellen, auf welcher du deine gesammelten Fotos direkt und in komprimierter Form zusammenfassen kannst. Somit erleichterst du potenziellen Kunden, sich einen Überblick über dein Portfolio zu verschaffen und kannst sie von deiner Fanpage direkt zu deiner eigentlichen Internetseite leiten.

Zusammenfassend kann man also sagen, dass Instagram bestimmt kein normales Programm ist. Zum einen ist es Teil einer Community, z. B. durch Facebook oder Twitter, zum anderen ist es eine ganz normale Kamera-App, mit der du Fotos schießen kannst, und zu guter letzt ist Instagram noch eine Art Werbeagentur, mit welcher du deine Produkte perfekt an den Mann bringen kannst.

Du siehst also, Instagram ist sehr vielschichtig und nicht eindeutig in eine Sparte einzuordnen und gerade dieses hohe Maß an Flexibilität von Instagram ermöglicht es dir, deine Produkte ohne großen Zeitaufwand massiv zu bewerben.

## 12 Tipps für die optimale Instagram-Präsenz: So erhältst du mehr Follower und eine grössere Reichweite

Instagram gehört zu den beliebtesten sozialen Netzwerken. Täglich werden mehr als 80 Millionen Fotos und Videos auf der Plattform gepostet. Bei Instagram geht es aber um weit mehr als nur schöne Bilder oder lustige Videos, es geht um Präsenz. Inzwischen kann Instagram über 9 Millionen aktive User in Deutschland verzeichnen. Gerade das zeigt, welche Relevanz Instagram bereits hat und wie wichtig diese Plattform für dein Unternehmen sein kann, um deine Reichweite und deinen Umsatz zu steigern. Wenn du dir mehr Follower auf Instagram wünschst, aber nicht genau weißt, wie dir das gelingen kann, ist dieser Abschnitt genau das Richtige für dich.

Hier präsentiere ich dir 12 Tipps, mit denen du deine Community auf Instagram und damit auch deine Reichweite langfristig vergrößern kannst.

## 1 Reichweitenaufbau über bereits existierende Kanäle

Wenn du dir einen neuen Instagram-Account zulegst, wissen zunächst die wenigsten davon. Deshalb musst du auf deinen Account aufmerksam machen und am besten überall für ihn werben, wo du es für sinnvoll erachtest. Hinterlasse hierfür einen Hinweis oder einen Link zu deinem Instagram-Account auf deiner eigenen Website, in einem Newsletter und vor allem auf anderen Social Media-Plattformen.

Auch ausgewählter Content deines Instagram-Profils sollte über andere soziale Netzwerke veröffentlicht werden. Hierfür eignet sich vor allem Facebook, da Illustrationen von Instagram Fotos im News Feed bereits bekannt sind und Verlinkungen mit einer großen Link-Vorschau dargestellt werden. Da sich die aktiven Instagram- und Facebook-Nutzer zu einer großen Zahl überschneiden, werden die Instagram-Inhalte schnell geteilt und Unternehmen können so die ersten Follower für ihren Instagram-Account gewinnen. Du solltest jedoch darauf achten, dass du nicht immer die selben Inhalte auf Instagram und Facebook veröffentlichst, da sich deine Follower ansonsten irgendwann fragen könnten, warum sie dir auf beiden Plattformen folgen sollten, wenn die Inhalte auf beiden Seiten sowieso identisch sind.

## 2 Anderen folgen, Fotos liken und kommentieren

© CC0 Public Domain / pixabay.com

Um neue Follower zu gewinnen, musst du dich bei Instagram ins Geschehen einmischen und selbst aktiv werden. Denke immer daran, dass du nicht der einzige User bist, der gerne mehr Follower hätte und bekannter wäre.

Viele Instagram-Nutzer verfolgen eine Geben- und Nehmen-Strategie. Suche dir dafür themenrelevante Accounts, die dir auch wirklich gefallen, folge diesen und like ihren Content. Du solltest die Beiträge auch kommentieren. Achte hierbei jedoch darauf, dass du nicht zu viel und zu einsilbig kommentierst, da deine Kommentare ansonsten auch mal als Spam gekennzeichnet werden könnten. Generell gilt: Mit jedem Account, dem du folgst und mit jedem ernst gemeinten Like, steigt auch die Wahrscheinlichkeit, dass andere User auf deinen Account aufmerksam werden und dir auch das ein oder andere „Gefällt mir" schenken, deinen Beitrag kommentieren oder dir sogar folgen.

# 3 Zielgruppe analysieren und guten Content liefern

Bevor du guten Content auf deiner Instagram-Seite posten kannst und so mehr Follower generieren kannst, musst du zunächst wissen, wer deine Zielgruppe ist und wer deine Konkurrenten sind. Finde heraus, für welche Inhalte sich deine Zielgruppe interessiert und ob deine Konkurrenz bereits mit ihren Inhalten bei deiner Zielgruppe punkten konnte. Falls das der Fall sein sollte, analysiere die Inhalte der Konkurrenz und präsentiere deinen Followern nur Inhalte, die wirklich einen Mehrwert bieten. Versuche deinen Abonnenten Inhalte zu bieten, die besser als die der Konkurrenz sind. Nimm dir die Zeit, beantworte alle Fragen deiner Follower. Gib ihnen gerne auch Tipps, wenn sie danach fragen.

# 4 Erzähle außergewöhnliche Geschichten (Visual Storytelling)

Unternehmen versuchen auf Instagram durch Visual Storytelling Aufmerksamkeit zu gewinnen. Durch den Einsatz visueller Medien wie beispielsweise Bilder, Fotos und Videos versuchen sie Geschichten zu erzählen. Durch die visuelle Komponente beim Visual Storytelling können Emotionen leichter geweckt und auf diese Art Geschichten besser rübergebracht werden. Viele Nutzer interessieren sich jedoch nur für wirklich außergewöhnliche Geschichten, da ihnen am Tag tausende Bilder und Videos auf Instagram zur Verfügung gestellt werden. Dein Content muss also fesselnd sein und Geschichten erzählen, die User woanders nicht finden. Ermögliche den Usern beispielsweise einen Einblick hinter die Kulissen deiner Firma, präsentiere ihnen deine Produkte, wie sie sie nur auf Instagram zu sehen bekommen. Du musst dafür sorgen, dass du für deine User ein einmaliges Erlebnis auf Instagram schaffst. Nur so kannst du sie langfristig an dein Profil binden und dich von deiner Konkurrenz abheben.

# 5 Sorge für interaktionsanregende Inhalte

Es kommt bei der Erstellung von Inhalten für dein Instagram-Profil nicht nur darauf an, dass die Inhalte gut sind und deinen Followern einen Mehrwert bieten, sondern sie sollten auch ein hohes Interaktionspotenzial bieten. Achte darauf, dass deine Bilder oder Videos User zu Kommentaren anregen. Je mehr Kommentare, Fragen und Feedback dein Content bekommt, desto mehr User werden darauf aufmerksam und umso mehr Nutzer kannst du erreichen. Dadurch wächst nach und nach deine Community. Wichtig: Reagiere auf Kommentare und Fragen, die deine Fotos und Videos bekommen, interagiere mit den anderen Usern, denn das wird besonders von ihnen geschätzt.

## 6    Sorge für regelmäßigen Content

Du fragst dich, warum manche Blogger tausende oder Millionen Follower haben? Die Antwort darauf ist recht einfach. Sie kümmern sich einfach um ihren Blog und posten in regelmäßigen Abständen Bilder oder Videos. Auch du musst also dafür sorgen, dass deinen Followern regelmäßig Inhalte zur Verfügung gestellt werden. Das bedeutet nicht, dass du 100 Posts täglich veröffentlichen musst. Das sollst du auch gar nicht, denn du willst deine User schließlich nicht mit Informationen überschütten. Aber du solltest schauen, dass du deine Häufigkeit, mit der du Inhalte postest, beibehältst. Wenn du angefangen hast täglich ein oder zwei Bilder oder Videos zu veröffentlichen, dann solltest du diese Routine beibehalten, damit die User genau wissen, wann mit neuem Content deinerseits zu rechnen ist.

Die meisten Nutzer sozialer Netzwerke favorisieren eine gewisse Regelmäßigkeit. Wenn du also willst, dass deine Community wächst, solltest du für Kontinuität auf deiner Seite sorgen. Du musst Acht geben, dass du deine Seite nicht vernachlässigst. Wenn du nur noch sehr selten oder in sehr unregelmäßigen Abständen Content veröffentlichst, kann es sein, dass deine User zu anderen Publishern wechseln. Pass jedoch auf, dass deine Qualität unter deiner Quantität nicht leidet. Ein qualitativ hochwertiges Bild pro Tag ist immer noch sehr viel besser als fünf qualitativ minderwertige Bilder.

# 7 Finde die beste Uhrzeit für deine Posts

Die Interaktionsrate hängt nicht nur alleine vom Inhalt deines Posts ab, sondern auch davon, wann du die Inhalte auf Instagram veröffentlichst. Du kannst nur herausfinden, wann der richtige Zeitpunkt für deine Posts ist, wenn du es austestest. Veröffentliche Inhalte zu verschiedenen Zeiten und analysiere, zu welchen Tageszeiten die meisten User auf deine Inhalte reagieren. So findest du den Zeitpunkt, an dem du die meisten User auf Instagram erreichen kannst und dadurch mehr Interaktion bekommst, was wiederum mit dem Wachstum deiner Community zusammenhängt.

# 8 Hashtags richtig verwenden

© CC0 Public Domain / pixabay.com

Die Verwendung von Hashtags sorgt für eine bessere und schnellere Verbreitung von Fotos, Bildern und Videos auf Instagram. Studien haben außerdem ergeben, dass das Benutzen von Hashtags zu mehr Kommentaren und Likes auf deinen Bildern führt.

Mit einem Raute-Zeichen (#) vor einem Wort wird nach dem zugehörigen Bild gesucht. Damit deine Bilder schneller gefunden werden, solltest du sinnvolle Hashtags benutzen, die thematisch den gezeigten Dingen auf dem Foto entsprechen. Es ist auch möglich und sogar sinnvoll mehr als ein Hashtag zu benutzen, denn es wird oft gesagt: Je mehr Hashtags, desto besser. Viele Hashtags unter einem Bild erhöhen die Chance auf mehr Likes und somit auch auf mehr Follower. Allerdings ist die Anzahl deiner verwendeten Hashtags in keiner Weise so wichtig wir ihr thematischer Bezug. Fange deshalb nicht an mit Hashtags zu übertreiben und setzte sie dezent ein, da sie inhaltlich zu deinem Bild passen müssen.

Versuche deine Bilder durch Hashtags zu beschreiben. Verwende dafür sowohl deutsche als auch englische Begriffe, auch wenn es sich nur um eine Übersetzung handeln sollte. Gcrade für den Fitness- oder Ernährungsbereich eignen sich Hashtags besonders gut. Hierfür kannst du allgemeine Fitnessbegriffe wie #sixpacks, #bodybuilding, #workout, #gym , #weightloss oder Motivationsbegriffe wie beispielsweise #youcandoit oder #success verwenden. Hashtags können aber selbstverständlich auch für jede andere Branche wunderbar verwendet werden.

Da jeden Tag etliche Hashtags gesetzt werden, ist es nicht verwunderlich, dass sich mit der Zeit beliebte und häufig verwendete Hashtags herausgebildet haben. Diese verändern sich aber selbstverständlich mit der Zeit. Um mit dem Trend zu gehen, solltest du dich daher immer über die beliebtesten und trendigsten Begriffe auf dem Laufenden halten. Zurzeit erfreuen sich laut Websta folgende Hashtags einer starken Beliebtheit:

#love
#instagood
#photooftheday
#tbt
#cute
#beautiful
#happy
#follow
#like4like
#pictureoftheday

Diese Begriffe werden auf Instagram nicht nur häufig verwendet, sondern auch sehr oft gesucht. Auf Websta findest du eine Liste der Top 100 Tags.

Falls du ein Hashtag mit einem Markenbezug wählst, wird in den meisten Fällen als Hashtag der Name des Unternehmens verwendet. Bei einer Kampagne sollte der Hashtag möglichst eingängig, prägnant und kurz sein. Wichtig ist, dass die Hashtags inhaltlich mit der Kampagne übereinstimmen. Als bekanntestes Beispiel einer Kampagne kann der Hashtag #justdoit von Nike angesehen werden. Sollten deine Hashtags nicht in Verbindung mit einem Unternehmen oder einer Kampagne stehen, wähle deine Tags immer anhand der inhaltlichen Komponente aus. Frage dich dabei immer: Welche Hashtags beschreiben mein Bild am besten und welche Hashtags werden für dieses Thema häufig verwendet?

## 9 Influencer-Marketing

Ihre Präsenz in den sozialen Netzwerken macht Influencer für das Marketing interessant, da sie über eine große Reichweite verfügen. Aufgrund ihrer hohen Follower-Zahl sind Influencer bei Unternehmen sehr beliebt. Wurde also ein Influencer für dein Unternehmen gewonnen, veröffentlicht dieser ein Foto oder ein Video mit Bezug zu deinem Unternehmen, verwendet einen Hashtag und markiert den Account des Unternehmens im Post. Deine Fotos verfügen so über eine größere Reichweite, dein Unternehmens-Account erhält mehr Follower und neue Nutzer verwenden den Hashtag ebenfalls und markieren den Unternehmens-Account.

## 10 Shoutouts

Shoutouts sind auch eine Möglichkeit, mehr Follower auf Instagram zu gewinnen. Bei Shoutouts handelt es sich um Empfehlungen für andere Profile. So werden Freunde, Kollegen oder andere Plattform-User innerhalb des eigenen Profils erwähnt, z. B. durch einen Hashtag oder durch die Veröffentlichung von Bildern eines anderen Instagram-Accounts samt Nennung des Nicknames. Mit dieser einfachen und effektiven Methode wird also Werbung für andere User betrieben und es wird versucht, Follower, Fans oder Angehörige für andere Profile zu gewinnen.

Du fragst dich jetzt natürlich, was es dir bringen kann, Empfehlungen auf deinem eigenen Feed für Bilder von anderen Profilen zu geben. Im sehr wahrscheinlichen Fall wird die Person, die du weiterempfohlen hast, genau das Gleiche für dich auf ihrem eigenen Feed tun. So können beide mehr Follower gewinnen. Es ist also eine Win-Win-Situation. Die Chance, dass beide Profile davon profitieren und mehr Abonnenten bekommen, ist sehr hoch. Damit beide Parteien daraus jedoch einen Vorteil ziehen können, muss man jedoch darauf achten, dass der andere Nutzer in etwa genauso viele Follower wie man selbst hat. Was nützt der Shoutout einem anderen, wenn er 200.000 Follower hat und du vielleicht nur 500? Suche dir also am besten ein anderes Profil, das thematisch zu dir passt und deiner Reichweite in etwa entspricht.

## 11  Arbeite mit anderen Instagrammern zusammen

Sogenannte „Collabs" sind auf Instagram sehr beliebt. Bei diesen Kollaborationen geht es darum, mit anderen Usern Bilder zu tauschen und diese dann zu bearbeiten. Die bearbeiteten Bilder werden entsprechend beschriftet, vertaggt und im eigenen Feed gepostet.

Mit sogenannten FreeForAll Bildern (#FFA) kannst du deinen Usern über einen Link in der Instagram-Biografie Bilder zu Verfügung stellen. Diese Bilder sind für jeden frei zugänglich und können nach Belieben und im eigenen Stil bearbeitet werden. Wer ein Bild bearbeitet und postet, versieht das Bild mit dem ursprünglichen Fotografen.

## 12  Schalte attraktive Werbung

Du kannst auch Instagram für dich nutzen um Online-Werbung zu schalten. Werbeanzeigen über Instagram sind sehr viel lukrativer als klassische Werbeformate, da du genau deine Zielgruppe ansprechen kannst.

Ein weiterer Vorteil von Instagram für den Marketingbereich liegt darin, dass Instagram als Werbekanal noch relativ neu ist und es somit noch nicht allzu viele Advertiser gibt. Instagram-User sind dementsprechend noch empfänglicher für Werbebotschaften als vielleicht auf anderen Kanälen. Achte beim Werbung- und Anzeigenschalten jedoch darauf, dass du nicht genau die gleiche Kampagne auf Instagram durchführst, wie es auf anderen Kanälen der Fall ist. Instagram-User wollen etwas Einzigartiges und für sie Attraktives geboten bekommen.

© CC0 Public Domain / pixabay.com

## ⊕ Fazit:

Instagram hat eine sehr hohe Reichweite und Relevanz. Gerade deshalb ist es wichtig, die Wichtigkeit dieses sozialen Netzwerkes zu erkennen und für dich zu nutzen. Ich habe dir in diesem Beitrag 12 Tipps gegeben, mit denen es dir gelingen kann, mehr Follower für dein Profil zu gewinnen und die optimale Präsenz auf Instagram zu erreichen. Nun liegt es an dir, deine Community auf Instagram weiter auszubauen und dir ein Netzwerk aus bestehenden und potenziellen Kunden aufzubauen. Hier noch einmal alle Tipps auf einen Blick zusammengefasst:

- Reichenweitenaufbau über bereits existierende Kanäle
- Anderen folgen, Fotos liken und kommentieren
- Zielgruppe analysieren und guten Content liefern
- Erzähle außergewöhnliche Geschichten (Visual Storytelling)
- Sorge für interaktionsanregende Inhalte
- Sorge für regelmäßigen Content
- Finde die beste Uhrzeit für deine Posts
- Hashtags richtig verwenden
- Influencer Marketing

- Shoutouts
- Arbeite mit anderen Instagrammern zusammen
- Schalte attraktive Werbung

# Snapchat

## SPIELEREI ODER MARKETING-TOOL? WAS SNAPCHAT IST UND WARUM DU ES NICHT IGNORIEREN SOLLTEST

Snapchat steht als Mobile App heute an der Spitze der Social Media-Evolution. Junge User, die lieber Smartphone-Bilder als Worte sprechen lassen, sind die Hauptzielgruppe. Die Anwendung füllt eine Lücke in einer digitalen Landschaft, in der Meldungen mit kürzester Halbwertszeit und Privates in einen Raum geladen werden, der eigentlich nichts vergisst. Snaps, Bilder, Textnachrichten und Videos mit einer Länge von 1 - 10 Sekunden, haben die Lebenszeit von Eintagsfliegen. Postet man sie in einer persönlichen Message, kann der Empfänger sie nur so lange sehen, wie das Chat-Fenster geöffnet ist. Schließt er es, wird sie gelöscht. Die öffentlich zugänglichen „Storys", Endlosschleifen aus den Videos des Tages, werden nach 24 Stunden gelöscht. Das kleine Gespenst im Logo verweist auf die Eigenschaft von Snaps zu erscheinen und bald darauf wieder zu verschwinden.

Snapchat hat das Gedächtnis eines Goldfisches, was unmittelbare Kommunikation begünstigt und dafür sorgt, dass die Albernheiten von gestern Nacht nicht noch Jahre später auffindbar sind. Und Snapchat ist reich an Möglichkeiten albern zu sein: Mit der App gemachte Fotos und Videos – insbesondere Selfies – können auf vielfältige Art bearbeitet werden: Man kann vorm Versenden darin herum malen, Filter benutzen, Sticker oder Text ein-

Thomas Klußmann

fügen oder mit Spielereien wie animierten Tiermasken oder Face Swap arbeiten. Das Wissen, dass die Snaps sich nach spätestens 24 Stunden selbst zerstören, senkt zudem die Hemmschwelle, alles Mögliche zu teilen.

**Snapchats Potenzial**

Gut, Snapchat ist also groß und erfolgreich und gleichzeitig ein Lieblingsspielzeug der Generation Smartphone. Aber was nützt dir das?

Je nachdem, wer deine Zielgruppe ist, sehr viel. Zahlreiche Unternehmen, von denen nicht alle sofort mit den Millennials assoziiert werden, nutzen Snapchat als Marketing-Instrument. So schickte die seit 1888 bestehende National Geographic Society im März 2016 zwei Bergsteiger den Mount Everest hinauf. Die Expedition konnte über mehr als zwei Monate hinweg über Snapchat mitverfolgt werden.

Snapchat erlaubt dir nicht, Fotos oder Videos von deiner Festplatte hochzuladen. Du musst das Material über die App auf deinem Smartphone oder Tablet aufnehmen. Das hat den Vorteil, dass Snaps ungemein authentisch wirken können. Das kannst du dir zunutze machen. Wenn du nicht nur ein Produkt vermarktest, sondern auch dich selbst, ist Snapchat ideal. Immerhin wurde die App quasi zur Selbstdarstellung, wenn nicht sogar zum Angeben, entwickelt. Dadurch, dass das Ergebnis kurzlebig ist, hast du auch Raum, um zu experimentieren. Zugleich arbeitest du mit Snapchat nach dem Prinzip künstlicher Verknappung: Nutzer wissen, dass deine Snaps nach kurzer Zeit gelöscht werden und schauen sie sich eher an. Wo über den Tag verteilte Videos in anderen Timelines wie Spam wirken würden, fügt Snapchat sie zu Storys zusammen, die gut zu konsumieren sind. Hier hast du eine gute Gelegenheit, um mit Storytelling zu arbeiten.

Du kannst deine User aber auch hinter die Kulissen deines Unternehmens schauen lassen oder einem Influencer einen Tag lang deinen Snapchat-Account leihen. Oder aber du postest Snaps zum Ausmalen oder Erweitern oder promotest mit Video-Snaps Gewinnspiele. Grundsätzlich und wie sonst auch gilt, dass Snaps irgendwie Mehrwert bieten sollten.

Ein Snapchat-Account kann deine Social Media-Strategie gut ergänzen, umgekehrt solltest du deine Kampagne mittels anderer Kanäle verlängern. Auch dein Account hat, wenn er über andere Plattformen beworben wird, eine höhere Chance gefunden und bekannt zu werden. Ein bekannter Snapchat-Account kann wiederum deinen Bekanntheitsgrad steigern, was auch der Punkt ist, an dem Unternehmen tatsächlich von der App profitieren können.

### Den Erfolg messen

Snapchat will nicht, dass Inhalte heruntergeladen oder gespeichert werden. Und Snapchat geizt auch mit Zahlen. Es gibt dafür jedoch von Drittanbietern Apps zur App. Diese stellen ein Sicherheitsrisiko dar, so dass abgewogen werden sollte, ob man seine Snapchat-Aktivitäten nicht doch lieber von Hand analysiert. Das geht mit Screenshots und (Excel-)Tabellen, in die man die verfügbaren Daten zu Views und den Screenshots von Usern zum jeweiligen Snap einträgt. Die Rate, mit der deine Snapchat-Storys zu Ende geschaut werden (Completion Rate), kannst du ermitteln, indem du die Anzahl der Views deines ersten Videos durch die deines Letzten in der Story teilst. Wenn die Zuschauerzahlen bei bestimmten Snaps innerhalb deiner Story einbrechen, kannst du daraus ebenfalls die entsprechenden Schlüsse ziehen. Die Screenshot-Rate ergibt der Gesamtzahl der Screenshots durch die Gesamt-Views des jeweiligen Snaps.

Um Unternehmen das Snapchat-Tracking und das Posten nach Plan zu erleichtern, kam 2015 das Tool Snaplytics heraus. Mit einem Preis von 179$ für die Standard- und 299$ für die Pro-Version monatlich, ist Snaplytics aber nicht zwingend interessant für kleinere Unternehmen oder den durchschnittlichen Snapchatter. Auch Delmondo stellt eine Analyse-App zur Verfügung. Mit dieser lassen sich die Daten zu Opens, Views, Screenshots und Completion Rate ermitteln. Auch der Erfolg von Storys lässt sich mit dieser App messen und der eigene Content kann mit dem der Konkurrenz verglichen werden. Den Preis für diesen Dienst nennt Delmondo allerdings nur auf Anfrage.

## ✚ Zusammengefassend:

Die Mobile App Snapchat ist mit ihrem Goldfischgedächtnis und Eintags-Snaps voll an die Mobile-First-Welt angepasst. Während Snapchat seiner eher jungen Zielgruppe die Möglichkeit gibt, sich relativ sicher auf wenigen Zoll und bis zu 10 Sekunden lang kreativ-interaktiv auszutoben, kann es für Online-Unternehmer im Zuge ihrer Social Media-Kampagnen auch interessant sein. Wichtig ist dabei, dass du Snapchat nicht isoliert von deinen anderen Kanälen nutzt, sondern ergänzend dazu. Belohnt wirst du mit Reichweite und Kundenbindung.

# YouTube

## WELCHE VORTEILE YOUTUBE DIR BIETET

YouTube ist seit langer Zeit eine der beliebtesten Websites weltweit und der Trend scheint nicht enden zu wollen. Warum auch? Videos haben sich mehr und mehr etabliert, sei es zur Bereitstellung von Informationen, Anleitungen oder einfach, um die eigene Meinung bekannt zu geben.

So ist es auch nicht verwunderlich, dass sich aus diesem Trend ein ganz eigenes Business entwickelt hat. Mittlerweile gibt es unzählige „YouTuber", die durch ihre Massen an Klicks von der Werbemaschinerie Google profitieren. So bekommen YouTuber ab einer gewissen Anzahl an Klicks einen kleinen Teil der Werbeeinnahmen von Google – sozusagen als Anreizmechanismus, noch mehr Klicks zu generieren. Denn für Google bedeuten mehr Klicks auch mehr Umsatz. YouTuben als Trend ist primär unter Jugendlichen verbreitet. Doch nicht nur für Jugendliche, auch für alle anderen Altersgruppen bietet YouTube riesiges Potenzial. Allerdings ist die Herangehensweise oftmals eine andere.

### Wie Sie YouTube nutzen können

Wer als Einsteiger mit seinem eigenen, neuen Business heutzutage Erfolg im Internet haben will, kommt um die Rubrik „Video" nicht mehr herum. Dabei ist es häufig notwendig, als Unternehmer selbst vor die Kamera zu treten oder seinen Kunden Videos in Form von Tutorials zur Verfügung zu stellen. Neben Fragen zur Software, Kamera, Belichtung etc. stellt sich jedoch eine weitere, entscheidende Frage: „Wie bekommen meine Kunden meinen Content letztendlich in Form von Videos?"

Doch bevor wir uns dieser zentralen Frage nähern, ist es erst einmal entscheidend zu klären, warum Videos mittlerweile so wichtig für Internet-Unternehmen sind. Egal ob man sich auf Amazon ein klassisches Produkt bestellt oder auf einer Sales-Page landet – überall wird verstärkt auf das Hilfsmittel Video zurückgegriffen.

Der Vorteil an einem Video ist, dass man zum einen sehr viele Informationen mitliefern kann, zum anderen aber auch Emotionen wecken kann, die gerade beim Verkauf sehr wichtig sind. Aber nicht nur bei Verkaufsvideos oder Produktpräsentationen haben die bewegten Bilder an Bedeutung gewonnen – auch bei der Informationsbeschaffung spielen Videos eine sehr große Rolle (beispielsweise in Form von Tutorials). Sie erleichtern das Verstehen durch die direkte Umsetzung, wodurch das „Learning by Doing"-Prinzip sehr stark zum Tragen kommt.

Aus diesem Grund ist es auch nicht wirklich verwunderlich, dass die Google-Tochter YouTube gleich nach Google auf Platz 2 der meistbesuchten Websites im Internet steht. Dabei ist das YouTube-Prinzip denkbar einfach. Jeder kann sich anmelden und Videos hochladen, solange er nicht explizit gegen Urheberrechte verstößt. Und nicht nur das: Nutzer können auch YouTube-Videos durch ein paar Klicks direkt auf der eigenen Website implementieren. Gerade für Unternehmer, die mit ihrem Business im Internet Geld verdienen wollen, ist dies eine hervorragende Option.

**Warum ausgerechnet YouTube?**

Der Grund ist relativ simpel: YouTube ist eine der ersten Videoplattformen, die auch nachhaltig erfolgreich ist. Und der wohl wichtigere Grund: YouTube ist kostenlos. So kannst du ohne weitere Kosten deine produzierten Videos auf einer Plattform posten und ganz bequem und einfach in deine Website einfügen.

Doch genau bei diesem letzten Punkt gibt es bei unseren Kunden immer wieder Probleme. Ich möchte dir in diesem Abschnitt helfen diese zu lösen. Grundsätzlich gibt es drei wesentliche Einstellungen beziehungsweise Vorgehensweisen, die dir die schnelle Implementierung eines YouTube-Videos ermöglichen.

Zunächst einmal solltest du dein Video nach dem erfolgreichen Hochladen auf „nicht gelistet" stellen. So hast du den Vorteil, dass deine Videos nicht über die YouTube-Suche gefunden werden können, dennoch aber von jedem, der den direkten Link besitzt, angeschaut werden können.

So kannst du sicherstellen, dass dein Content auch nur dort erscheint, wo du es willst. Eine weitere wichtige Vorgehensweise ist die Generierung des richtigen iFrame-Codes, welcher alle wichtigen Einstellungen berücksichtigt. Damit du hier die richtigen Einstellungen vornehmen kannst, musst du zunächst auf das Video klicken, das du auf deiner Website einfügen willst. Anschließend klickst du auf den Reiter „Teilen" und dann direkt auf den aufkommenden Reiter „Einbetten".

Jetzt wird dir ein iFrame-Code angezeigt. Unter diesem iFrame-Code findest du den Hinweis „Mehr anzeigen". Wenn du auf diesen Punkt klickst, kannst du die automatische Einstellung entfernen, sodass dem Zuschauer am Ende deines Videos keine anderen YouTube-Videos vorgeschlagen werden. Gerade auf deiner eigenen Website ist diese automatische Vorschlagsfunktion sehr störend und kann dich unter Umständen viele Leads kosten sowie deine Conversion-Rate verschlechtern.

Auch wenn nicht aus jedem Internet-Marketer ein YouTuber wird, bietet YouTube diverse Vorteile. Diese solltest du auch für dein Business nutzen, da du davon immens profitieren kannst.

## DIE GRENZE VON YOUTUBE FÜR UNTERNEHMER

Wie sieht es aus, wenn nicht nur Videos angeboten werden sollen, die für jedermann zugänglich sein sollen, wie beispielsweise Videokurse, die dein Kunde bei dir erworben hat?

An dieser Stelle offenbart YouTube aktuell aus der Sicht eines Unternehmers seine große Schwäche. Als YouTube-User hat man nämlich nur die Möglichkeit, zwischen den Einstellungsmöglichkeiten „öffentlich", „nicht gelistet" (nur Nutzer mit dem expliziten Link können auf das Video zugreifen) und „privat" zu unterscheiden. Zwar kommt die Einstellungsmöglichkeit „nicht gelistet" einem Unternehmer, der seine Inhalte auch nur seinen Kunden zukommen lassen will, am ehesten zupass, allerdings bietet nur ein Link natürlich nicht den Schutz, den sich ein Unternehmer für seine Inhalte wünscht.

### Die Alternative

Eine Alternative zu wählen wäre also ratsam. Auf der Suche danach bin ich auf Vimeo gestoßen. Vimeo ähnelt YouTube vom Prinzip her, nur dass User hier deutlich mehr Möglichkeiten haben, ihre hochgeladenen Videos so einzustellen, dass sie auch wirklich nur für die gewünschte Zielgruppe verfügbar sind.

*Quelle: Screenshot*

Hier gehen die Einstellungsmöglichkeiten von speziellen Websites, auf denen mein Video nur abzuspielen ist, bis zum passwortgeschützten Video, das nur Leute ansehen können, die von mir den Zugang erhalten haben. Unter der Rubrik „Video-Einstellungen/Datenschutz" kannst du diese Einstellungsmöglichkeiten vornehmen.

## ➕ Fazit:

Dass Videos für Unternehmer im Internet heutzutage extrem wichtig sind, ist sicherlich nichts Neues. Dass Unternehmer ihre Videos aber auch gern schützen möchten, ist gut nachvollziehbar. Hier bietet der Video-Riese „YouTube" leider nicht die besten Möglichkeiten, da die Plattform ursprünglich primär für den privaten Bereich vorgesehen war. Daher sollten sich Unternehmer nach guten Alternativen umsehen und sich nicht vom Status-Quo YouTubes blenden lassen.

Aus meiner Sicht macht es daher Sinn, die eigenen Videos in „öffentliche" und „für Kunden" zu splitten, um diese dann anschließend je nach Zielgruppe bei YouTube oder Vimeo hochzuladen – streng nach dem Motto: „Die Mischung macht es!"

# Pinterest

Wie so häufig, wenn es um Social Media geht, schwappt ganz allmählich ein Trend aus den USA rüber zu uns. Pinterest, so heißt das Netzwerk, was sich von seiner Idee her von den etablierten Netzwerken doch sehr stark unterscheidet. Die Grundidee bei diesem Netzwerk ist, dass der Fokus ganz klar auf die „Macht der Bilder" gelenkt werden soll und somit immer gleich eine Form der Emotionalität mitgeliefert wird.

Bei Pinterest kann der User nämlich primär „nur" Fotos hochladen und diese dann kommentieren, liken, teilen, etc. So gesehen ist Pinterest wohl der mittlerweile größte „Fotoladen" der Welt geworden, denn laut Alexa Rank liegt die Website mittlerweile auf Rank 34 der meist besuchten Websites in Deutschland. Und das natürlich aus einem guten Grund, denn fast alle Menschen sind so gepolt, sich von Bildern im ersten Augenblick stärker fesseln zu lassen als von Texten – und genau auf diese Fesselung zielt Pinterest ab.

**Wie kannst du davon profitieren?**

Die „Macht der Bilder" ist unter Marketing-Experten unumstritten und genau aus diesem Grund ist Pinterest hochaffin für ge-

---

zielt platzierte Werbung im Internet.

Als gutes Beispiel könnten wir hier zum Beispiel eine Modefirma XY nehmen, die mit ihren veröffentlichten Fotos auf Pinterest von einem fast automatisch einsetzendem Sog profitiert.

1. Posten des Bildes auf http://pinterest.com/
2. Automatische Verbreitung durch Likes, Kommentare, etc.
3. Systematischer Aufbau von mehreren Fotos die zu einander passen + Verlinkung

Durch diesen Sog kannst du durch die richtige Link Setzung und durch spannende Collagen den Traffic deiner Haupt-Website oder auch deiner Squeeze-Page steigern – denn letztendlich gilt immer die Faustformel: kein Traffic - kein Umsatz!

**Für wen lohnt sich Pinterest am meisten?**

Allerdings gibt es auch eine „Schwachstelle" bei Pinterest, bzw. einen Mangel an Affinität je nach Branche.

Wie mein eben aufgeführtes Beispiel schon indirekt gezeigt hat, macht Pinterest meistens für diejenigen Sinn, deren Produkte sich wirkungsvoll als Bild darstellen lassen. So kann man beispielsweise in der Tourismusbranche, der Textilindustrie, etc. Pinterest als mächtiges Mittel zur Traffic-Generierung einsetzten. Diese veröffentlichen Bilder schüren immer auch ein hohe Emotionalität beim Betrachter und können diesen somit bei seiner Kaufentscheidung beeinflussen. Schwieriger gestaltet es sich hier bei digitalen Produkten. Diese kann man zwar als schöne 3D-Grafik darstellen, allerdings beinhaltet eine DVD-Box, im Vergleich zu einem Strandfoto aus der Karibik, kaum Emotionalität und wird daher mit sehr hoher Wahrscheinlichkeit keinen positiven Sog für dein Business auf Pinterest erzielen.

**Mögliche Hürden**

Rechtlich gesehen, könnte es in Deutschland zu Komplikationen bei der Nutzung von Pinterest kommen, da das Teilen von fremden Fotos das Urheberrecht verletzt. In den AGBs von Pinterest ist zudem erwähnt, dass die Rechte der geteilten Bilder an Pinterest übergehen. Man muss aber fairerweise dazusagen, dass die gleichen Probleme auch bei Facebook und Instagram bestanden bzw. teilweise immer noch bestehen. Das hat bis heute trotzdem keinen daran gehindert, auf diesen Plattformen fremde Fotos bzw. Videos zu teilen. Die meisten Nutzer freuen sich sogar darüber.

## ⊕ Fazit:

Man kann also festhalten, dass Pinterest zwar schon sehr affin für gewisse Branchen ist und hier den jeweiligen Unternehmern auch einen hohen Mehrwert liefert, aber gerade im Bereich des Online Marketings bezogen auf digitale Infoprodukte kaum Emotionalität schürt und somit keinen Mehrwert an Leads liefern kann. Überprüfe also vorher genauestens, ob deine Branche genügend Emotionalität in Form von Bildern rüberbringen kann, bevor du dich dazu entschließt, auf Pinterest aktiv zu werden.

# 06

# E-Mail Marketing

E-Mail Marketing gilt seit Jahren als einer der erfolgreichsten Kommunikationskanäle. Täglich werden hunderte Milliarden E-Mails verschickt und empfangen. Das Gerücht, dass E-Mails durch wachsende Popularität sozialer Netzwerke immer weiter verdrängt werden, hält sich hartnäckig. Schätzungen der The Radicati Group zufolge kann dies aber nicht bestätigt werden. Im Gegenteil, es wird sogar davon ausgegangen, dass die Anzahl der weltweit pro Tag verschickten und empfangenen E-Mails in den nächsten Jahren jährlich um 5 % weiter steigen wird.

Da mit einer Zunahme der Masse von versendeten und empfangenen E-Mails nicht nur auf privater, sondern auch auf geschäftlicher Seite in den nächsten Jahren zu rechnen ist, sollten Unternehmen E-Mail Marketing auf keinen Fall vernachlässigen und nicht nur auf Social-Media-Marketing setzen. Mit E-Mail Marketing lassen sich immer noch die höchsten Konversionsraten erzielen und es gilt auch heutzutage noch als lukrativste Goldgrube für Marketer. Vorausgesetzt natürlich, man macht es richtig.

Damit dein Newsletter nicht sofort gelöscht oder abbestellt wird, gilt es einige wichtige Punkte bei seiner Erstellung zu beachten. Ich habe dir deshalb 17 hilfreiche Tipps zusammengestellt, mit denen dir ein erfolgreicher Newsletter gelingt und du deine Öffnungsrate steigern kannst.

**Thomas Klußmann**

## Der perfekte Newsletter: 17 Tipps für erfolgreiches E-Mail Marketing

### 1 Beschreibe den Inhalt deiner E-Mail im Betreff

Die Betreffzeile gilt als wichtigstes Werkzeug im E-Mail Marketing. Sie entscheidet letztendlich darüber, ob der Empfänger eine E-Mail öffnet, sie als Spam klassifiziert oder sie direkt in den Papierkorb weiterleitet. Die Betreffzeile muss also so gut formuliert sein, dass der Empfänger zum Öffnen des Mailings animiert wird. Ein guter Betreff ist daher unumgänglich für erfolgreiches E-Mail Marketing. Die nächsten Punkte zur Gestaltung deiner Betreffzeile solltest du daher unbedingt beachten.

Um zu verhindern, dass deine Newsletter direkt in den Papierkorb verschoben werden, solltest du darauf achten, dass du deinen Inhalt klar in der Betreffzeile formulierst. Nur so kann dein Leser auch feststellen, ob ihn die Inhalte deiner E-Mail interessieren. Durch vage formulierte Betreffzeilen sinkt die Öffnungsrate von E-Mails, denn wir bekommen heutzutage einfach zu viele davon. Das Aussortieren von E-Mails nimmt daher lediglich einige Sekunden in Anspruch. Sekunden, die darüber entscheiden, ob dein Newsletter gelesen wird oder ob er völlig umsonst war.

Rabattcodes und Gutscheine (15 % Rabatt auf Schuhe), eine zeitliche Begrenzung (25 % auf Hosen bis zum 1. Dezember), Hinweise darauf, dass etwas neu ist, sowie Tipps und Top-Listen haben einen positiven Einfluss auf die Öffnungsrate der E-Mail. Wenn du mit einer zeitlichen Verknappung arbeitest, solltest du eher auf genaue Daten als auf Wochentage setzen, denn so weiß jeder genau, bis zu welchem Tag das Angebot noch gilt, und es kommt nicht zu Missverständnissen. Wörter wie „kostenlos" oder „gratis" sollten in jedem Fall vermieden werden, da sie sehr oft als Spam klassifiziert werden.

## 2 Nutze eine knappe und kreative Formulierung des Betreffs

Da die meisten E-Mail-Programme die Betreffzeile ab einer gewissen Länge abschneiden, sollte sie möglichst kurz gehalten werden. Bei mobilen E-Mail-Apps können noch weniger Zeichen angezeigt werden als auf dem Desktop. Studien kommen bei der Beantwortung der Frage nach der perfekten Anzahl an Zeichen in der Betreffzeile jedoch zu unterschiedlichen, heftig diskutierten Ergebnissen. Einige fanden heraus, dass die perfekte Betreffzeile aus nicht mehr als 10 Zeichen bestehen sollte, andere beziffern sie auf 28 bis 39 Zeichen. Insgesamt ist sich die Mehrheit jedoch einig, dass der Betreff maximal zwischen 40 und 50 Zeichen inklusive Leerzeichen betragen sollte.

Du solltest außerdem auf eine ungewöhnliche und kreative Betreffzeile setzen. Du brauchst etwas, was die Neugier deiner Empfänger weckt und sie zur Öffnung deiner E-Mail animiert. Probiere verschiedene Titel deines Newsletters aus, um herauszufinden, welcher am besten bei deiner Zielgruppe ankommt. Es bietet sich vor allem an, für ein und denselben Newsletter verschiedene Betreffzeilen zu testen (Stichwort: Split-Test). Den Erfolg kannst du anschließend anhand der Öffnungsrate messen.

Untersuchungen haben ergeben, dass vor allem jene Betreffzeilen hervorragend funktionieren, die dem Leser einen Rabatt bzw. Gutschein offerieren – dicht gefolgt von kostenlosen Produkten und Geschenken sowie Betreffzeilen, die einen bekannten Markennamen beinhalten.

## 3 Platziere die wichtigsten Schlagwörter am Anfang

Entscheide dich für die wichtigsten Keywords deiner Betreffzeile und versuche sie am Anfang zu platzieren. Nur so kannst du garantieren, dass die jeweiligen Schlüsselwörter aufgrund von Platzmangel nicht abgeschnitten werden.

## 4 Verzichte auf die Nennung des Absenders in der Betreffzeile

Wie bereits erwähnt sollte die Betreffzeile möglichst kurz gehalten werden. Sie ist kostbar und sollte sinnvoll eingesetzt werden. Da die Absenderinformationen von den meisten E-Mail-Clients oder Web-Mail-Anbietern dem Empfänger sowieso angezeigt werden, ist es unnötig und eine Platzverschwendung diese Informationen in die Betreffzeile zu quetschen. Hebe dir diesen Platz lieber für nützliche Informationen zum Inhalt deines Newsletters auf.

## 5 Mache dir den Wohnort des Empfängers zu Nutzen

Die meisten Menschen interessieren sich eher dafür, was in ihrer direkten Umgebung geschieht, als für das, was am anderen Ende der Welt passiert. Das Geschehen in ihrer unmittelbaren Umgebung könnte sich ja auf sie auswirken. Aus diesem Grund hat die Nennung des Wohnortes in der Betreffzeile einen positiven Effekt auf die Öffnungsrate einer E-Mail.

## 6 Verzichte möglichst auf Sonderzeichen in der Betreffzeile

Bei der Verwendung von Sonderzeichen kann es bei verschiedenen Mail-Clients und Web-Mail-Diensten zu Darstellungsfehlern kommen, da die Zeichen z. B. Herzen, Sterne oder Kreuze eventuell nicht korrekt angezeigt werden können. Durch Darstellungsfehler in E-Mails kann der professionelle Eindruck des Empfängers vom Unternehmen schnell zerstört werden. Um eine korrekte Darstellung aller Inhalte zu gewährleisten, sollte aus diesem Grund auf Sonderzeichen verzichtet, oder aber der Newsletter vor dem Versand bis ins kleinste Detail auf Darstellungsfehler verschiedener E-Mail-Programme überprüft werden.

## 7 Persönliche Ansprache

Wenn du den Namen deines E-Mail-Empfängers kennst, solltest du auf Anreden wie „Sehr geehrte Damen und Herren" möglichst verzichten. Diese wirken sehr unpersönlich und der einzelne Empfänger fühlt sich nicht wirklich angesprochen. Das führt dann mit hoher Wahrscheinlichkeit dazu, dass der Leser die E-Mail beim nächsten Mal aber gar nicht mehr öffnet. Falls du den Namen deines E-Mail-Empfängers noch nicht kennst, ist es meist sehr einfach, über die E-Mail-Adresse seinen Namen herauszufinden.

## 8 Personalisierter Absender

Kunden sehnen sich meist nach einem direkten Ansprechpartner, den sie bei Problemen oder Wünschen direkt kontaktieren können. Du solltest deshalb als Absender deiner E-Mail die Adresse einer Person angeben und nicht die Office-Adresse des Unternehmens. Der Kunde weiß dadurch sofort, an wen er sich bei wichtigen Fragen wenden kann und es wird nachhaltig eine Beziehung zum Kunden aufgebaut.

## 9 Liefere relevante Inhalte & verwende ein ansprechendes Design

Du solltest deinen Lesern immer einen Mehrwert mit deinem Newsletter bieten können, denn auch hier gilt: Content is King. Verzichte auf lange Eigenwerbung und widme dich stattdessen lieber den Problemen und Interessen deiner Zielgruppe. Überlege, welche Inhalte für deine Zielgruppe von Nutzen sein können. Dein Newsletter sollte zu 90% aus relevanten und hilfreichen Informationen und nur zu 10% aus Promotion für das eigene Unternehmen bestehen.

Achte jedoch darauf, dass du in deinem Newsletter noch nicht alle wichtigen Informationen preisgibst. Er soll nur einen Vorgeschmack auf deinen Content darstellen und möglichst kurz und bündig gehalten werden. Überhäufe deine Leser nicht mit Informationen und lasse sie selbst entscheiden, welche Inhalte sie interessieren. Den Lesern können mehr Inhalte geboten werden, indem du Links zu anderen Websites oder zu anderen Blog-Beiträgen in den Newsletter einbaust. Wecke die Neugier deiner Kunden mit dem Newsletter und animiere sie so zum Klicken.

Der Inhalt deines Newsletters steht klar im Vordergrund. Allerdings solltest du auch auf eine gelungene optische Gestaltung achten. Versuche eine klare Struktur zu wählen und verwende Bilder, um deinen Text optisch ansprechender zu gestalten. Konzentriere dich allerdings auf das Wesentliche und verwende nicht zu viele Bilder. Das wirkt sehr schnell überladen. Arbeite auch mit farbigen Highlights und hervorgehobenen Buttons, die dir dabei helfen können, deine Kunden zum Klicken zu animieren und so deine Klickrate zu erhöhen.

## 10  E-Mails zum richtigen Zeitpunkt verschicken

E-Mails zum richtigen Zeitpunkt zu verschicken ist leichter gesagt als getan. Es gibt verschiedene Studien, die sich mit dem perfekten Zeitpunkt für Newsletter auseinandersetzen. Einige Experten sind fest davon überzeugt, dass E-Mails am Abend vor allem zwischen 20 Uhr und 22 Uhr besonders oft geöffnet werden. Zu dieser Uhrzeit arbeiten nur noch wenige Menschen und zugleich werden um diese Uhrzeit durchschnittlich wenig andere E-Mails empfangen, was zu einer Steigerung der Öffnungsrate um bis zu 22% führen soll. Andere schwören darauf, dass im B2B die beste Zeit für das Versenden von E-Mails werktags am besten morgens ist und für Privatkunden eher in den frühen Abendstunden und auch am Wochenende.

Es gibt mittlerweile für jede Versandzeit eine andere Studie und andere Ergebnisse. Die Frage nach dem perfekten Zeitpunkt für das Versenden von E-Mails kann aus diesem Grund so spontan nicht beantwortet werden, da er von deiner Zielgruppe abhängig ist. Der perfekte Zeitpunkt für das Versenden deiner E-Mails ist dann, wenn die Mehrheit deiner Kunden online ist. Der einfachste Weg, deinen perfekten Zeitpunkt herauszubekommen ist also, es auszutesten. Verschicke deinen Newsletter zu verschiedenen Tageszeiten und an unterschiedlichen Wochentagen und schaue, wann er die höchste Öffnungs- bzw. Klickrate erzielt.

## 11 Templates, Tools oder E-Books verschenken

Wie heißt es so schön? Einem geschenkten Gaul schaut man nicht ins Maul. Fast jeder Mensch freut sich darüber, etwas gratis zu bekommen. Und sei es nur eine Probe oder ein Werbegeschenk. Diese Eigenschaft des Menschen lässt sich auch wunderbar für das E-Mail Marketing nutzen. Durch die Ankündigung, Templates, Tools oder E-Books zu verschenken, wird die Klickrate enorm gesteigert. Wenn du es nun schaffst, deine Betreffzeile überzeugend zu formulieren, dann sollte die Öffnung deiner E-Mail fast sicher sein.

## 12 Optimiere deine E-Mails für mobile Endgeräte

Durch eine stetige Zunahme der Smartphone- und Tablet-Nutzer steigt auch die Anzahl der unterwegs auf mobilen Endgeräten geöffneten E-Mails. Die Anzahl beläuft sich mittlerweile auf über 50 %. Wird ein Newsletter, der nicht für mobile Endgeräte optimiert wurde, auf einem Smartphone geöffnet, ist eine fehlerfreie Darstellung meist nicht gewährleistet. Schlechte Lesbarkeit, abgeschnittener Text, verzerrte oder nicht zu öffnende Bilder resultieren meist aus herunterskalierten Bildern und Texten. Etwa ein Drittel der versendeten E-Mails wird auf den mobilen Endgeräten nicht korrekt dargestellt. Um das zu verhindern, kommt Responsive Design ins Spiel. Mit Hilfe von Responsive Design sorgst du dafür, dass deine E-Mails sowohl auf dem Desktop als auch auf den mobilen Endgeräten einwandfrei dargestellt werden. So werden zum Beispiel drei Spalten, die auf dem Desktop nebeneinander angezeigt werden, auf dem Smartphone untereinander dargestellt.

Es ist wirklich wichtig, dass du deine Newsletter für Smartphones und Tablets optimierst, da fehlerhafte Darstellungen oft unprofessionell wirken. Achte auch darauf, dass du Links nicht zu knapp nebeneinander setzt. Auf einem kleinen Display kann sich der Kunde schnell vertippen.

## 13 Den richtigen E-Mail Verteiler zusammenstellen

Bevor du mit dem Versenden deines Newsletters starten kannst, brauchst du erstmal einen richtigen E-Mail-Verteiler. Der Königsweg für den Listenaufbau besteht darin, sich dafür explizit eine Squeeze-Page aufzubauen, die einzig und alleine das Ziel hat, die E-Mail-Adressen deiner Interessenten zu sammeln und so den Listenaufbau voranzutreiben.

Dadurch werden Leads generiert; man baut sich stetig die eigene E-Mail Liste auf, die auf das eigene Online-Business zugeschnitten ist. Da es persönliche Daten sind, die man verlangt, sollte man unbedingt darauf achten, seriös und vertrauenswürdig zu wirken. Stimmt der erste Eindruck nicht, ist es schwierig, Leads zu gewinnen. Der potenzielle Käufer ist einem so unwiederbringlich entgangen.

Aus diesem Grund möchte ich dir im Folgenden 4 Tipps für eine Squeeze-Page mit auf den Weg geben. Diese sollen dir helfen, entgegen aller anfangs möglichen Bedenken, das Vertrauen und das Interesse des potenziellen Kunden zu gewinnen.

- **Kenne deine Zielgruppe:**

  Es ist wichtig, dass sofort klar wird, was du willst und wen du ansprechen möchtest. Komme daher sofort auf den Punkt. Ich sehe leider selbst oft sehr viele Squeeze-Pages, wo dies nicht der Fall ist. Du musst in der Lage sein, dich in deine potenziellen Kunden hineinzudenken, um sie direkt ansprechen zu können. Hier geht es um Psychologie und um Zielgruppenanalyse.

- **Frage so wenig Daten ab, wie möglich:**

  Immer wieder ist bei den Eintragsformularen (auch Double-Opt-In Formulare genannt) einiger Websites und Landing-Pages zu sehen, dass der Betreiber unzählige Informationen abfragt. Du wirst sofort sehen, wie du deine Anmelderaten (Opt-In Raten) massiv steigerst, indem du weniger abfragst. Typischerweise solltest du nur den Vornamen und die E-Mail-Adresse deiner Besucher abfragen.

---

- **Vermeide Ablenkung:**

  Deine Squeeze-Page hat nur ein Ziel, nämlich E-Mail Adressen zu sammeln. Interessenten sollen sich in deinen E-Mail-Verteiler eintragen. Jedes Wort und jedes Element auf der Squeeze-Page muss diesem Ziel untergeordnet werden. Lenke Besucher daher nicht mit anderen Dingen ab. Lenke den Fokus auf das Eintragungsformular. Überfordere den Seitenbesucher außerdem nicht und halte das Ablenkungspotenzial auf deiner Squeeze-Page niedrig. Dieser Punkt ist ganz entscheidend, denn nur wenn der Besucher sich auf die eine Sache und Aktion konzentrieren kann, besteht die Chance diesen Lead zu generieren.

- **Leiste Überzeugungsarbeit:**

  – Du musst sofort mit der Schlagzeile die Aufmerksamkeit des Besuchers wecken und ihm gleichzeitig vermitteln, worum es geht.

  – Ein absolutes Must-Have ist, dass du einen Aufruf zu Handeln einbaust. Sage deinen Besuchern ausdrücklich, dass sie sich jetzt sofort eintragen sollen, damit du ihnen kostenlose wertvolle Informationen über E-Mail senden kannst.

  – Um den Besucher leichter zu überzeugen, sich in deinen Newsletter einzutragen, musst du Anreize mit Mehrwert schaffen. In der Regel handelt es sich bei solchen digitalen Anreizen meist um Dinge wie kleinere Infoprodukte (E-Books, Infografiken, Videos oder Newsletter-Serien). Wenn deinem Besucher zum Schluss kommt: „Wenn ich mir diesen kostenlosen Boni nicht greife, verpasse ich etwas", steigt die Eintragungsrate. Auch danach solltest du immer wieder Mehrwert bieten z. B. in Form von Blog-Artikeln, Videos oder anderen kostenlosen Freebies.

  – Nutze auch den Social Proof, denn dieser steigert die Eintragungsrate noch einmal enorm. Hier kannst du z. B. aufzeigen, wie viele Menschen bereits von deinem Newsletter profitieren. Auch Testimonials von Newsletter-Abonnenten eignen sich gut, um die Eintragungsrate zu erhöhen.

Ist die Squeeze-Page fertig, schalte deinen Newsletter-Versand auf Autopilot. Es bedarf etwa 7 bis 12 Kontakte, bis ein potenzieller Kunde im Durchschnitt zu einem tatsächlichen Kunden wird. Wenn du nicht an diesem Interessenten „dran bleibst" und diesen immer wieder kontaktierst, wirst du ihn verlieren und lässt die Chance auf Umsatz einfach verstreichen. Dazu eignet sich eben ein Newsletter am besten, aber wenn dieser manuell verschickt werden müsste, so wäre wahrscheinlich jeder von uns überfordert, je nach dem, wie viele Personen sich bereits eingetragen haben.

Um mit einer großen und unregelmäßigen Anzahl an Eintragungen umgehen zu können, solltest du einen sogenannten Autoresponder nutzen – auch Follow-Up-Autoresponder genannt. Dieser sammelt auf deiner Website automatisch die E-Mail-Adressen (und Namen) deiner Besucher und wickelt vollkommen automatisch die Bestätigungs-Mails ab. Gründer.de nutzt hier beispielsweise den Autoresponder Klick-Tipp.

## 14    Verwende zertifizierte Newsletter-Versender

Zertifizierte Newsletter-Versender sorgen dafür, dass E-Mails nicht vom Spam-Filter geprüft werden müssen und direkt ins Postfach zugestellt werden. Die Anbieter gewährleisten so, dass die elektronische Nachricht den Kunden auch tatsächlich erreicht und nicht im E-Mail-Fach untergeht. Achte bei der Auswahl deiner Newsletter-Versender jedoch darauf, dass sie vom Certified Senders Alliance, kurz: CSA, zertifiziert wurden.

## 15    Call-To-Action

Im Newsletter solltest du deinen Abonnenten zu weiteren Schritten auffordern. Biete ihnen ein Buch, ein E-Book oder ein bald stattfindendes Seminar an. Verwende den Call-To-Action, eine Handlungsaufforderung, um deine Abonnenten noch einmal direkt anzusprechen und sie so eventuell zum Kauf zu bewegen. Der Call-To-Action-Button sollte im Newsletter auf keinen Fall untergehen und am besten entweder am Anfang oder am Ende stehen. Durch die gezielte Platzierung des Call-To-Action soll der Kunde dazu motiviert werden, der jeweiligen Handlungsaufforderung nachzukommen.

Der Call-To-Action sollte möglichst auffällig und ansprechend gestaltet werden. Verwende ein Bild oder Wörter, die die Dringlichkeit der Handlungsaufforderung unterstreichen, z. B. „jetzt downloaden". Du solltest dich allerdings auf einen einzigen Call-To-Action fokussieren, da das Angebot sonst schnell überladen wirkt und die 90/10-Regel in Bezug auf die eigene Unternehmenswerbung so auch nicht mehr eingehalten werden kann.

## 16 Möglichkeit zum Abmelden

Zwar ist es für jeden Unternehmer unerfreulich, wenn sich Abonnenten vom Newsletter wieder austragen, allerdings kann man niemanden dazu zwingen, einen Newsletter zu erhalten und im Newsletter-Verteiler zu bleiben. Außerdem bringt dir ein Abonnent nichts, der für sich keinen Mehrwert in deinem Newsletter sieht. Der Newsletter wird bei ihm nämlich vermutlich direkt im Papierkorb landen. Es bringt also weder dir noch dem Kunden etwas, wenn dieser im Verteiler verbliebe. Du solltest deinen Abonnenten also immer eine Möglichkeit bieten, sich wieder aus dem Verteiler auszutragen.

## 17 Teste den Newsletter

Um zu vermeiden, dass sich zu viele Abonnenten aus deinem Newsletter austragen, solltest du deine Newsletter regelmäßig analysieren. Wie ist die Öffnungs- und Klickrate deiner E-Mail, gab es eine Zu- oder Abnahme in Bezug auf den letzten Newsletter? Wenn dir die Öffnungsrate zu niedrig erscheint, dann versuche beim nächsten Mal vielleicht eine aussagekräftigere und kreativere Betreffzeile zu wählen. Sollte deine Klickrate immer weiter sinken, solltest du deinen Inhalt und dein Angebot überprüfen. Nur durch regelmäßiges Analysieren kannst du deine Newsletter optimieren.

Gerade auch bevor du einen Newsletter an deine Abonnenten verschickst, gilt es auch sehr viel zu testen und zu korrigieren. Du musst nicht nur den perfekten Zeitpunkt herausfinden, an dem du deine E-Mails verschicken solltest, sondern vorher musst du deine Newsletter erst einmal auf Fehler untersuchen. Dazu zählen Rechtschreib- und Grammatikfehler, aber auch Darstellungsfehler. Vergiss nicht, deine Newsletter auch auf Smartphones und Tablets zu testen. Es gibt nämlich nichts Ärgerlicheres, als den Newsletter an alle zu verschicken und hinterher festzustellen, dass doch noch sehr viele Fehler in der Mail enthalten waren.

## ⊕ Fazit:

E-Mail Marketing spielt auch heute noch eine extrem wichtige Rolle. Trotz wachsender Popularität der sozialen Netzwerke erhöht sich die Anzahl versendeter und empfangener E-Mails stetig. Auch haben Studien gezeigt, dass die Mehrheit der Verbraucher die Kommunikation mit Unternehmen über E-Mails vorzieht. Aus diesem Grund solltest du auf keinen Fall auf E-Mail Marketing zugunsten von Social Media Marketing verzichten.

Allerdings wandern weltweit jedoch Milliarden von E-Mails ungelesen in den Papierkorb. Damit dein Newsletter nicht auch auf der Stelle in den Papierkorb geschoben wird, solltest du einige meiner 17 Tipps für erfolgreiches E-Mail Marketing ausprobieren. Dein Fokus sollte hierbei auf der Formulierung deiner Betreffzeile liegen, denn sie entscheidet, wie gesagt, letztendlich darüber, ob deine Kunden die Mail öffnen oder nicht. Mit der richtigen Betreffzeile, einem Mehrwert bietendem Inhalt und der korrekten Darstellungsform deines Inhalts, steht deinem perfekten Newsletter nichts mehr im Wege. Nehme dir Zeit um einen fehlerfreien Newsletter zu entwerfen, denn das ermöglicht es dir, die Öffnungs- und Klickrate deiner E-Mails enorm zu steigern.

### SONDER-MAILINGS: WIE DU NUR MIT EINER MAIL DEINEN UMSATZ STEIGERST

An dieser Stelle möchte ich dir einen Weg aufzeigen, wie du deine Umsätze im Newsletter-Marketing nochmals steigern kannst, obwohl du bereits regelmäßig E-Mails mit Hilfe eines Autoresponders versendest. Das Stichwort hier lautet: Sonder-Mailings.

Diese Art von Newsletter wird dich deshalb zu mehr Erfolg führen, weil Sonder-Mailings aus der Masse der Mailings herausstechen werden, die du normalerweise versendest. Diese Tatsache garantiert, dass du so deutlich mehr Aufmerksamkeit erhalten wirst.

## Planung und Zielsetzung

Sonder-Mailings verfolgen grundsätzlich das Ziel, ein größeres Engagement deiner Leser zu erhalten. Damit sich der versprochene Erfolg von Sonder-Mailings auch tatsächlich einstellt, bedarf es jedoch einer gründlichen Planung.

Normalerweise möchtest du mit deinen E-Mail-Kampagnen viele Fliegen mit einer Klappe schlagen. In der Regel willst mit einem Newsletter gleichzeitig verkaufen, neue Kunden gewinnen, bestehende Kunden binden, das Unternehmens-Image aufbessern und nicht aktive Leser zur einer konkreten Handlung auffordern.

Dadurch, dass du zu viele Ziele auf einmal anpeilst, schwächst du deine Kampagne enorm. Deshalb ist es bei Sonder-Mailings entscheidend, dass du dir ein konkretes Ziel aussuchst und deine Kampagne entsprechend anpasst.

Wenn du abverkaufen willst, so musst du besondere Angebote bewerben oder anderweitig Reize setzen. Strebst du eine höhere Kundenbindung an? Dann sorge mit deinem Sonder-Mailing für Angebote nur für Bestandskunden. Sollen Kunden ein gutes Image von deinem Unternehmen erhalten? Dann berichte im Sonder-Mailing darüber, wie du dich sozial engagierst.

Ein Sonder-Mailing kann auch ein Gewinnspiel sein oder aber ein interner Bericht über dein Unternehmen oder deine geplanten Projekte. Hier musst du einfach etwas kreativer sein und dir etwas ausdenken.

## Auf Außergewöhnlichkeit setzen

Um den gewünschten Effekt der Außergewöhnlichkeit eines Sonder-Mailings zu erreichen, kannst du dieses nicht einfach so verschicken wie deine bisherigen Mails, da du damit wahrscheinlich nicht all deine Abonnenten erreichen wirst.

Und das kannst du konkret tun, damit deine Sonder-Mailings besonders auffallen:

- Die Betreffzeile ist der wichtigste Bestandteil deiner Mail. Aus diesem Grund musst du dir für dein Sonder-Mailing eine besonders einprägsame Betreffzeile ausdenken. Eine Aussage wie „Jetzt mitmachen bei unserem 5000-Euro-Gewinnspiel!" ist besser als „Die ABC GmbH lädt Sie zu einem Gewinnspiel ein."

- Auch die Versandzeit spielt eine entscheidende Rolle. Versuche daher, Sonder-Mailings zu eher ungewöhnlichen Zeiten zu versenden

- Die Versandhäufigkeit ist hierbei ebenfalls wichtig, denn diese muss sich von der Häufigkeit deiner normalen Kampagnen unterscheiden.

- Setze bei Sonder-Mailings auf eher außergewöhnliche Designs.

- Nutze verstärkt und gezielt eine sogenannte Call-To-Action-Botschaft ein, um eine konkrete Handlung deiner Leser zu „erzwingen".

## ➕ Fazit:

Ein Sonder-Mailing ist eine hervorragende Möglichkeit, um viel Aufmerksamkeit seitens deiner Leser zu erhalten. Setze diese Mailings geschickt ein und halte dich an die eben genannten Punkte. So wird dein nächstes Sonder-Mailing sicherlich ein Erfolg.

Du solltest den Aufwand und die Planung, die hinter solch einer Kampagne steht, jedoch auch nicht unterschätzen, denn eine Sonderaktion ist deutlich aufwändiger und die Erstellung kostet mehr Zeit als ein Newsletter, den du wöchentlich oder monatlich versendest.

Denke auch daran, dass du eventuell Kooperationspartner bzw.

Affiliate-Partner hast, die du in solche Sonder-Mailings einbeziehen kannst, um auf noch mehr Aufmerksamkeit zu stoßen. Auch Social Media wie Facebook, XING, YouTube & Co. können ideale Plattformen zur viralen Verbreitung deiner Sonderaktionen sein.

## ZUKUNFTSTREND 2.0: MOBILE MAILING

Dass das „mobile Internet" nicht mehr aufzuhalten ist und langfristig unseren Alltag noch mehr bestimmen wird, wird wohl niemand heutzutage mehr leugnen. Doch wie verhält es sich eigentlich mit den Usern? Wer nutzt alles das mobile Internet und zeichnet sich heute schon ab, wie weit wir mit unseren Entwicklungen in zwei, drei oder sogar zehn Jahren sind?

Die Antworten auf diese Fragen sind natürlich alle höchst spekulativ, gewiss ist aber, dass unser Alltag mehr und mehr von mobilen Endgeräten wie Smartphones oder Tablet-PCs bestimmt wird. Der Trend geht klar weg vom Home-Office hin zum „Mobile Office".

Daher ist es gerade für Internet-Marketer extrem wichtig, sich diesem Trend anzupassen, um weiterhin erfolgreich sein Business betreiben zu können. Natürlich ist es immer ratsam, wenn deine Website, bzw. deine Squeeze- und Sales-Page, an die Gegebenheiten auf einem mobilen Endgerät angepasst ist. Das heißt, dass du eine Responsive Website erstellen solltest.

Kurzfristig gesehen mag dieser Schritt aus deiner Sicht nicht oder noch nicht viel Sinn machen, langfristig gesehen wird sich solch eine Investition jedoch voll auszahlen.

Worum es hier aber eigentlich geht, ist das „Mobile Mailing". Wie ich schon erwähnte, ist E-Mail Marketing eines der wichtigsten Bestandteile eines Online-Marketing-Unternehmens. Diese Tatsache stellt in Kombination mit dem Trend hin zum permanenten Gebrauch mobiler Endgeräte eine Herausforderung dar. Da mobile Internetnutzer ihr Endgerät inzwischen auch für die Bearbeitung ihrer E-Mails nutzen, ist der Schritt zur mobilen Optimierung unvermeidlich.

**4 Tipps für dein mobiles Mailing:**

1. **Teste die Darstellung:**

   Das Wichtigste beim Versenden von Mails im Zusammenhang mit Mobile Mailing ist die Darstellung der Mail. Du solltest also vor dem Versenden unbedingt die Darstellung testen. Dies kannst du am eigenen Smartphone oder Tablet tun, oder du bedienst dich der Hilfe von Softwarelösungen. Empfehlenswert ist hier sicherlich die Newsletter-Software von „Inxmail", da du hier die Darstellung auf mobilen Geräten im Vorfeld testen kannst.

2. **Prägnanz ist das A und O:**

   Wie ich bereits erwähnt habe, ist die Prägnanz der Mail entscheidend. Daher sollte die Mail kurz und knackig sein, während dem Empfänger gleichzeitig ein möglichst hoher Nutzen durch den Text garantiert werden sollte. Deine Mail darf also keineswegs nach Werbung oder sogar Spam aussehen. Diese wird nicht gelesen.

3. **Layout unbedingt beachten:**

   Mit deiner Mail verfolgst du hauptsächlich das Ziel, potenzielle Kunden dazu zu bewegen, dein Produkt zu bestellen. Achte deshalb unbedingt darauf, dass die Anmelde-Buttons auch für die mobilen Endgeräte groß genug sind, damit deine Mail-Empfänger auch schnellstmöglich und ohne Komplikationen diesen Button betätigen. Das Gleiche gilt natürlich auch für die Abmeldefunktion aus Mail-Verteilern oder Ähnlichem.

4. **Betreffzeile:**

   Wenn du Mailings verschickst und weißt, dass eine hohe Anzahl von Empfängern ein mobiles Endgerät benutzt, dann solltest du unbedingt darauf achten, dass deine Betreffzeile mit den ersten drei Wörtern überzeugt. Auf einem kleinen Display wird nur ein geringer Anteil der Betreffzeile angezeigt. Umso wichtiger ist es, dass du in diesem angezeigten Bereich überzeugst. Achte daher ganz genau auf deine Formulierung.

## ⊕ Zusammenfassend:

Man kann sagen, dass mobile Endgeräte stationäre PCs mehr und mehr verdrängen. Daher musst du noch mehr Acht auf Dinge wie das Layout, die Betreffzeile oder auch die Darstellung geben. Auch hier gilt wie im „normalen" E-Mail Marketing: Probiere es einfach aus.

**Gutschein** *im Wert von 29,90 EUR*

**Gutschein für 1 Monat kostenlose Mitgliedschaft im Online Marketing Club von Gründer.de**

„Mit dem 9-Stufen-Konzept dein Internet-Business erfolgreich auf- und ausbauen".

Ich bin dein Coach beim Auf- und Ausbau deines Internet-Projektes.

Die Besonderheit: Der Kurs ist in einzelnen, leicht versändlichen Schritt-für-Schritt Videolektionen aufgebaut und ergänzt sich daher ideal mit diesem Buch.

**Jetzt informieren und testen auf:**
**www.online-marketing-club.net/buch-gutschein**

Mit besten Grüßen

dein Thomas Klußmann
Geschäftsführer Gründer.de GmbH